福建理工大学"创新与绿色发展创新团队"（编号：E4300083）

碳排放

约束下的可持续产品设计研究

TANPAIFANG

Yueshuxia de Kechixu Chanpin Sheji Yanjiu

姜 跃 ◎著

中国财经出版传媒集团
经济科学出版社
Economic Science Press
·北京·

图书在版编目（CIP）数据

碳排放约束下的可持续产品设计研究/姜跃著． --
北京：经济科学出版社，2024.4
ISBN 978 - 7 - 5218 - 5517 - 3

Ⅰ．①碳…　Ⅱ．①姜…　Ⅲ．①产品设计 - 研究　Ⅳ.
①TB472

中国国家版本馆 CIP 数据核字（2024）第 009253 号

责任编辑：周国强
责任校对：刘　昕
责任印制：张佳裕

碳排放约束下的可持续产品设计研究
TANPAIFANG YUESHUXIA DE KECHIXU CHANPIN SHEJI YANJIU
姜　跃　著
经济科学出版社出版、发行　新华书店经销
社址：北京市海淀区阜成路甲 28 号　邮编：100142
总编部电话：010 - 88191217　发行部电话：010 - 88191522
网址：www. esp. com. cn
电子邮箱：esp@ esp. com. cn
天猫网店：经济科学出版社旗舰店
网址：http: //jjkxcbs. tmall. com
固安华明印业有限公司印装
710 × 1000　16 开　13.25 印张　210000 字
2024 年 4 月第 1 版　2024 年 4 月第 1 次印刷
ISBN 978 - 7 - 5218 - 5517 - 3　定价：78.00 元
（图书出现印装问题，本社负责调换。电话：010 - 88191545）
（版权所有　侵权必究　打击盗版　举报热线：010 - 88191661
QQ：2242791300　营销中心电话：010 - 88191537
电子邮箱：dbts@ esp. com. cn）

前　　言

　　生态环境恶化、资源危机等环境问题成为威胁人类生存和制约经济发展的重要障碍之一，受到国际社会的普遍关注。要从根本上解决资源、环境和经济发展之间的矛盾，必须从改变生产方式入手，对产品进行重新设计，降低其在生产和使用过程中对环境带来的损害。于是在传统产品设计的基础上，可持续产品设计和管理开始逐步兴起。相比传统产品设计，可持续产品设计考虑了经济、环境和社会这三方面的因素，其复杂程度较传统产品设计来说大很多，而目前关于可持续产品设计方面的研究还相当缺乏。

　　本书在综述相关理论的基础上，试图将环境因素充分融入传统产品设计中，对于碳排放约束下的可持续产品设计方面进行了探索性研究。本书综合运用了混合整数线性规划、鲁棒优化、博弈论等数理方法，把定性与定量分析相结合，分别从供应商参与减排、零售商成本分担以及企业自身供应链的减排情况下来设计自己的可持续产品。一方面，达到提高产品的可持续性，降低其在整个过程对环境的影响，降低其碳排放的目的；另一方面，也要实现企业自身利润最大化，在环境和利润两个方面找到一个最佳平衡点，实现经济效益和环境效益的双重目标。所得的结论丰富了可持续产品设计的内涵，为企业选择合适的可持续产品设计策略提供了决策支持，同时也为政府制定合理的碳排放政策提供了理论依据。

　　本书共分八章。第 1 章绪论。全面介绍了碳排放与可持续产品设计的研究背景，分析得出本书的研究意义，提出本书的研究内容与研究方法，并以框架形式对全书的研究思路进行了概括与总结。第 2 章主要相关理论。本章主要介绍了碳排放、碳税、碳交易机制和可持续产品设计的相关理论，为后续研究奠定理论基础。第 3 章文献综述。本章从面向回收的可持续产品设计、面向全生命周期的可持续产品设计、考虑碳排放的可持续产品设计、可持续产品设计的经济性分析与实施等几个方面出发介绍已有的相关文献，找到研究的空白点，为后面章节的进一步研究建立理论基础。第 4 章供应商参与下的可持续产品设计。本章主要是关于供应商参与下的可持续产品设计，提出了是由供应商和制造商组成的两级供应链，其中供应商向制造商提供半成品，制造商经过一定的加工制造过程生产出最后的产成品，然后把这些产成品销售给消费者。本章通过构建一个以供应商作为领导者，制造商作为跟随者的两阶段斯坦伯格博弈模型来研究在制造商减排的基础上两种情况下，即供应商参与减排和供应商不参与减排两种情况下的制造商与供应商的最优决策，例如，供应商所提供的半成品价格和减排量、制造商的减排量和半成品的采购量。并使用算例分析的方法分析了碳税与消费者对碳排放敏感度对制造商和供应商最优决策的影响。第 5 章零售商成本分担下的可持续产品设计。本章主要分析了零售商成本分担下的可持续产品设计，研究了由制造商和零售商组成的两级供应链，其中制造商把产品批发给零售商、零售商再把产品销售给最终消费者。本章通过构建一个以制造商作为领导者、零售商作为跟随者的两阶段斯坦伯格博弈模型来研究在制造商减排的基础上，即零售商不承担减排成本和零售商承担一定减排成本两种情况下的制造商与零售商的最优决策，例如，制造商的减排量、制造商产品的批发价格、零售商的最优采购量以及零售商的成本分担率等。并使用算例分析的方法分析了碳税与消费者对碳排放敏感度对制造商和零售商最优决策的影响。第6章可持续产品设计与供应链网络。本章从企业自身供应链角度出发，运用混合整数线性规划的方法和鲁棒混合整数线性规划的方法，综合考虑企业在供应链各环节的成本及碳排放，计算得出经济和环境两个方面的帕累托最优，分析得出企业在综合考虑经济和环境两个方面的最优产品设计方案，同时也可以得出企业在供应链采购、制造、分销和回收环节的最优决策。首先，主要是确定情况下的可持续产品设计；其次，进一步分析可持续产品设计所带来的不确定性对可持续产品设计的影响；最后，用一个实际案例来验证模型。第7章可持续产品动态设计，主要分析在成本分担契约下三级供应链视角下的可持续产品动态设计问题，对比分析得出在协同状态和非协同状态下产品的减排量运动轨迹，同时还得到供应商、制造商和零售商的最优决策及利润。最后，使用算例分析的方法分析了各参数对产品减排量的影响。第8章总结与研究展望，本章在对全书的结论进行总结和提炼的基础上提出了本书研究的不足，并提出了未来的研究方向。

　　本书的创新点具体体现在以下几个方面：

　　第一，将碳排放因素对产品价格的影响融入企业可持续产品设计中。目前学术上对碳排放的研究已经比较丰富，但是关于碳排放对于产品价格和市场需求的影响的研究还相对较少，因此本书充分考虑碳排放因素对企业低碳产品设计的影响，从供应商参与减排、零售商成本分担和供应链网络三个角度来分析碳排放因素对企业低碳可持续产品设计的影响。

　　第二，在可持续产品设计中考虑了消费者的碳排放敏感度。随着低碳经济的逐步发展，消费者的低碳意识越来越强，客户价值将受到产品的碳排放量的影响。以往关于消费者行为与碳排放之间关系的研究主要集中在不同的消费者行为对碳排放总量的影响，消费者的低碳消费模式受哪些因素的影响，以及如何促进消费者的低碳消费，并没有考虑消费者的碳排放敏感度对产品价格和市场需求量的影响，因此本书将消费者的碳排放敏感度融入产品的需求函数中，并且分析了碳排放敏感度对供应链各成员决策的影响。

第三，详细分析了供应链上影响企业可持续产品设计的因素。供应链上影响企业可持续产品设计的主要因素包括供应商的减排行为、零售商的成本分担情况，以及企业的供应链网络，所以本书主要从这三个视角出发来分析企业的可持续产品设计，得出企业最佳的可持续产品设计方案，并且分析了企业应该如何根据供应商的减排情况、零售商成本分担情况、企业自身供应链网络的变化情况来及时调整可持续产品设计策略。

第四，将时间引入可持续产品设计中，研究可持续产品的动态设计问题。考虑到碳减排的连续性，将时间因素引入可持续产品设计中，主要分析在成本分担契约下可持续产品动态设计问题，对比分析在协同状态和非协同状态下产品的减排量运动轨迹，同时还得到供应商、制造商和零售商的最优决策及利润。

目　录

| 第1章 |

绪　　论

1.1　选题背景

1.1.1　可持续产品设计的内涵与管理

生态环境恶化、资源危机等环境问题日益突出，已经成为威胁人类生存和制约经济发展的重要障碍之一，国际社会开始普遍关注环境问题。要从根本上解决资源、环境和经济发展之间的矛盾，必须从改变生产方式入手，对产品进行重新设计，降低其在生产和使用过程中对环境带来的损害，正是在这种背景下，可持续产品设计应运而生[1-2]。

可持续产品设计又被称为环境设计（design for environment，DFE）或生态设计（ecological design，ED），主要是指在产品设计阶段就要充分考虑产品在原材料采购、制造、分销和回收再处理整个生命周期的各阶段对环境产生的影响，尽可能减少对环境的污染，降低产品整个生命周期内的环境成本[3]。可持续产品设计的基础是传统产品设计，但又高于传统设计，是传统设计的升华，它在产品设计阶段就分析了产品在其生命周期各个阶段对环境的影响，尽量降低产品对环境的影响，同时可持续产品设计"6R"① 理念引入产品设计阶段，其主要特点包括：第一，可持续产品设计能有效的保护环境，降低环境污染；第二，延拓了产品的生命周期；第三，可持续产品设计是闭环的；第四，可持续产品的设计过程是动态的。可持续产品设计在设计理念、设计方法等方面与传统产品设计有着本质的区别。传统产品设计没有考虑产品对环境所产生的影响，在设计时更多地关注产品生产成本、产品的市场价格、顾客对产品的认可度，尽可能想办法去降低各项成本，提高经济效益。而可持续产品设计要在产品设计阶段就考虑产品开发和使用对环境所带来的影响，要综合考虑产品的经济效益和环境效益，选择那些既能获得一定经济效益，同时又尽可能地降低产品对环境的影响，实现经济与环境协同发展。可持续产品设计倡导发展革新性产品与服务概念，以最大限度减少产品在整个生命周期内对环境的影响。

可持续产品设计是一种立足系统、面向系统的方法，需要形成更广阔的利害关系和伙伴关系，最终目标是实现零排放。可持续产品设计需要兼顾产品的环境表现和经济表现，必须考虑产品开发和使用过程中的所有阶段，最终选择那些在整个生命周期内产生最低环境影响的产品。产品的可持续设计主要有产品改善、产品再设计、产品概念革新和系统革新四种类型。

---

① "6R" 原则，即减量化（reduce）、再利用（reuse）、再生循环（recycle）、再恢复（recover）、再设计（redesign）、再制造（remanufacture）。

　　第一，产品改善主要是指对现行产品进行适当的调整和改善，以达到减少环境污染的目的，产品本身和生产技术一般不会发生变化。例如，建立产品的回收系统、选择更为环保的原材料、增加防止污染的装置等。第二，产品再设计主要是指在产品设计概念不变的基础上，进一步分析和研究产品的组成部分，增加环保材料的使用比例、增加可以循环使用和可拆卸的零部件，尽可能地降低产品在原材料采购、制造、分销和回收再处理整个生命周期各阶段对环境的影响。第三，产品概念革新主要是指在保证产品功能不变的基础上，从根本上改变产品设计理念和设计思想，例如，书籍产品从纸制图书到电子图书的转变。第四，系统革新是指原有的相关基础设施和组织结构需要随着新型产品和服务的出现而进行改变，例如随着信息技术的逐步普及而对原有的基础设施和组织机构进行变革就属于系统革新类型。

　　相比传统产品设计，可持续产品设计所考虑的因素是多方面的、长期的和动态的，因此可持续产品设计的实现需要多方的共同努力。

　　（1）低物质化。降低产品的资源和能源的使用量，推进"低物质化"是实现可持续产品设计的重要途径之一。"低物质化"在改善环境方面具有显著作用，越来越多的发达国家都开始逐步推进产品的"低物质化"。例如，随着技术的发展计算机的计算能力越来越强、计算速度越来越快，但是体积和重量却越来越小。我国单位国内生产总值所消耗的能源是发达国家的三倍左右，同时也比一些发展中国家高，所以产品的"低物质化"具有广阔的发展空间，有利于实现可持续产品设计。

　　（2）可持续标志。所谓可持续标志是指对由独立机构或者中性实体，按照科学和技术指导原则确定的可持续标准对产品的环境属性进行评价，当产品满足该可持续标准时授予可持续标志，可持续标志是基于市场的可持续产品设计的刺激手段。可持续标志的选择性较强，只有同类产品中对环境影响最低的产品才能获得可持续标志。可持续标志能够帮助消费者区分普通产品和可持续产品，刺激可持续产品的需求，鼓励企业生产经过认证的可持续产品，促使企业申请可持续标志，改变其原有的生产方式，降低产品生产和消费过程中给环境带来的影响。

（3）宣传教育。技术不是全部，关于可持续产品设计的宣传和教育也是至关重要的，在美国的大学中，关于可持续发展的相关课程是学生的必修课。另外，高层管理者的认可和承诺是可持续产品设计能够成功实施的重要因素，因此对企业高层领导者开展可持续产品设计方面的相关培训也是不可或缺的。一些大公司越来越重视员工和供应商的可持续方面的教育。因此，可持续产品设计者要深刻了解企业产品与环境之间的关系，详细分析产品整个生命周期内各个阶段对环境的影响，找出能够降低产品对环境影响的突破点。另外，消费者的支持是可持续产品发展的动力，因此政府也要加强对消费者可持续方面的教育，使消费者更深刻地了解可持续产品的优点，增加消费者对可持续产品消费。

（4）政府行为。政府在可持续产品设计方面要起到引导和鼓励作用，使可持续产品设计活动对企业具有一定的吸引力。例如，政府可以使用优先采购的方式使可持续产品的销量上升、通过对可持续产品进行补贴来降低可持续产品的市场价格。同时还可以采取措施限制非可持续产品的生产销售，并逐步扩大限制范围。例如，美国政府规定，所有办公室设备都必须达到美国国家环保局规定的标准。

1.1.2 可持续产品设计的驱动力

消费者的需求和企业自身的综合效益是可持续产品设计发展的内在动因。随着消费者的环境意识的逐步增强，消费者开始越来越多地关注产品的环境属性，越来越青睐具有环境属性的可持续产品，根据对来自澳大利亚、巴西、中国、法国、德国、印度、美国和英国的9000个消费者关于绿色品牌的调查显示，超过60%的消费者愿意购买环保的公司的产品，72%的消费者在购买决策时仍然把产品质量作为一个重要的购买准则，同时，50%的消费者也认为产品的"环保性"也是重要的标准[4]。消费者的对可持续产品的消费倾向给企业传统产品设计提出了严峻挑战。企业应制定可持续产品设计流程与实施规范,在产品设计阶段就充分考虑产品在其整个生命周期内对环境的污染,达到尽可能地节约资源、保护环境的目的,提高产品的可持续质量,提升企业形象,促进可持续消费的发展。

可持续产品设计能够帮助企业树立良好的品牌形象、提升企业产品的市场竞争力,促进企业发展。我国是世界产品的主要生产国和主要消费国,随着经济的快速发展,人们的生活水平越来越高,人们对产品的要求越来越高,需求量也越来越大,改善产品的环境属性,实施产品的可持续设计是企业发展的必经之路。环境污染主要来自生产企业,所以产品生产企业应该承担起改善环境的主要责任。企业把保护环境的观念融入企业的生产经营活动中,生产可持续产品不但有效地改善了企业利益、环境保护和消费者需求之间关系,还能够获得政府的支持以及消费者的青睐,进而帮助企业树立良好的品牌形象。从长远角度看,生产可持续产品还能够帮助企业获得一定的经济效益。同时企业生产可持续产品能够帮助企业在国际竞争中减少"绿色贸易壁垒"的影响,为企业走出国门打下坚实的基础,提高企业在国际市场上的竞争力,促进企业可持续发展。

环保法律法规的压力是企业可持续产品设计的外在驱动力。为了降低环境污染,同时也为了响应消费者对可持续产品的购买兴趣,在全世界范围逐步出台了一系列的相关法律法规和政策来鼓励可持续产品设计。2003 年欧盟通过《废弃电子电机设备指令》(WEEE)[5]。2006 年欧盟颁布了《关于限制在电子电气设备中使用某些有害成分的指令》(RoSH)[6],即从 2006 年 7 月 1 日起,禁止含有铅、水银、镉、六价铬、多溴二苯醚和多溴联苯等六类有害物质的电子电器产品进入欧盟市场。同时这两部指令都要求"生产者 – 污染者"在产品抵达生命的终点时负责回收处理电子设备,这就能促使生产者使用各种方法来实现产品的可持续设计[7]。为了减少温室气体排放,实现国家能源独立，美国前总统奥巴马提出了一种新的更加严格的美国企业平均燃油经济标准（CAFE），这个标准要求在 2016 年实现每加仑 35.5 英里，这比现在平均每加仑 25 英里有了一个突破性的发展[8]。在中国，随着近年来机动车数量的增加，国家环境保护总局计划在一些城市率先采用欧洲Ⅳ标准来控制汽车尾气排放，这就会促使中国汽车制造商在设计具有较低温室气体排放和碳排放的汽车方面付出更多的努力[9]。

这些法律法规都要求企业必须承担起保护环境的责任与义务。正是由于这些法律法规的约束，企业应该有计划地逐步开始实施可持续产品的设计与生产，在产品设计阶段就充分考虑环境因素，提高资源的使用效率，降低产品在整个生命周期内对环境所带来的损害，提高产品的环境属性，只有这样才能满足这些法律法规的要求。

现在尽管有来自公众和政府的呼吁及监管压力，然而公司在关于产品可持续设计实施方面在实践中反应不同。一方面，大部分企业认识到可持续设计的重要性，例如，大多数的世界 500 强公司都有自己的环保部门，并且承诺可持续设计是其产品设计的重要考虑因素。另一方面，除了少数例外公司，大多数公司采取被动的方法去实现产品的可持续设计。在美国和欧洲，新的 CAFE 标准和 WEEE 和 RoHS 指令都遇到了相当强的来自产业的潜在的技术和财政困难的阻力。实际问题是，设计出能改善环保性能的产品，公司通常需要面临一些棘手的技术与新产品规格的权衡问题[10]。例如，由 100% 回收材料制造而成的产品可能具有材料一致性和耐久性较差的问题[11-12]。

1.1.3　碳排放约束越来越严格

21 世纪以来，全球气候变暖问题已经成为全球十大环境问题之首，逐步受到国际社会越来越多的关注。全球平均气温上升，全球气候变暖已成为一个不争的事实[13]。政府间气候变化专门委员会（IPCC）先后发表的四份全球气候评估报告指出全球气候变暖的严峻形势,其中 IPCC 在 2007 年发表的气候评估报告指出 2005 年全球大气温度比 1906 年上升了 0.74℃,而到 21 世纪末全球平均气温还会继续上升 4℃ 左右。人类的生存与发展直接受到全球气候变暖的影响,是到目前为止人类面临最为严重的环境问题,人类的生存与经济的可持续发展将受到全球气候变化的影响,因此成为学术界、政府和社会重点关注的环境问题[14]。

诸多研究表明,全球气候变暖将给全球带来灾难性影响,诸如海平面上升,北极冰川融化、冰雪覆盖面积减少[15]。我国气象局和中国科学院通过研究近年来我国气候变化发现,我国气候变化速度还将进一步加快,全球平均气温在未来 50 ~ 80 年里将会升高 2℃ ~ 3℃。全球气候变暖除了会导致两极冰川融化、海平面上升以外,暴雨、冰雹和干旱等各种自然灾害也会显著增加,这将严重损害人们的生命安全,带来重大财产损失。德国弗里堡大学教授马丁·贝尼斯顿通过研究发现,全球气候变暖会带来一系列的严重后果,例如,粮食产量下降,生物物种灭绝等。我国的海平面到 2030 年可能会上升 0.01 ~ 0.06 米,这将会导致沿海地区出现洪水等自然灾害,严重影响农业生产,威胁人们的生命与财产安全[16]。

20 世纪 90 年代初,各国科学界、工业界和政府都逐步认识到,人类向大气中所排放的温室气体是全球变暖的主要原因[17]。温室气体通过其温室效应使全球气候变暖,在所有的温室气体中,二氧化碳对气候变化的影响最大。空气中二氧化碳的浓度剧增是引起全球气候变暖的主要原因,而人类在生产生活过程中直接或间接地向大气中所排放二氧化碳的活动是导致大气中二氧化碳浓度剧增的主要原因,因此近年来各国学者和政府都越来越关注如何降低二氧化碳等温室气体的排放量。联合国主导了《联合国气候变化框架公约》《京都议定书》《马拉喀什协定》《巴厘岛路线图》《哥本哈根协议》等一系列谈判,这些谈判都要求各个国家逐步开始减排工作,降低二氧化碳的排放量,缓解全球气候变暖的趋势。

英国是最早提出"减碳"概念的国家，主要采取了气候变化税与协议、英国使用排放机制和碳基金等经济政策工具来降低碳排放，同时还发布了《气候变化法案》，这些政策都取得了良好的效果，大大降低了英国的碳排放量。2007 年美国出台《气候安全法案》在全国引入了"限排交易体系"，对美国气候正常走向具有标志性的积极意义。日本承诺到 2050 年碳排放总量比现在降低 60% ~80%，积极发展太阳能，逐步建立减排交易市场，实现把日本打造成全球第一个低碳社会的目标。

我国近年来能源消耗量和温室气体排放量呈现出大幅度增长趋势。从碳排放总量上看，我国 2007 年就已经超越美国，成为全球最大的碳排放国。从最近几次的全球气候大会上，发达国家给发展中国家尤其是中国在减少碳排放方面的压力越来越大。部分发达国家甚至明确提出将发展中国家参与作为其批准议定书的前提条件之一，所以我国如果继续以发展中国家的发展权为理由拒绝承担减碳任务，将严重损坏我国的国际形象和已经建立的和谐发展的外部环境。所以为了减少我国经济发展过程中的外部阻力和促进自身经济结构的良性调整，我国必须积极主动承担相应的碳减排义务。我国政府已经明确提出在 2020 年降低碳排放 40% ~50%，并在"十四五"规划中具体制定了推动减少碳排放的十项重点举措。

基于以上背景，本书主要研究碳排放约束下的可持续产品设计相关问题，分别从供应商参与减排、零售商成本分担和供应链网络几个角度来设计自己的可持续产品，一方面达到实现产品的可持续性的目的，降低其对在整个过程中对环境的影响，降低其碳排放，另一方面也要实现企业自身利润最大化，在环境和利润两个方面找到一个最佳平衡点，实现经济效益和环境效益的双重目标。

1.2　研究意义

本书主要有以下几个方面的研究意义：

（1）在产品设计环节中考虑环境因素。以往关于生产消费对环境影响研究都只是集中于产品的回收再利用，再制造或者产品生命周期分析，研究主要关注如何在产品设计后的使用和回收阶段降低环境污染。要想从根本上解决环境污染问题，我们必须从产品设计开发阶段入手，从源头上降低产品生产消费过程中对环境的污染。所以本书从产品设计阶段就关注产品可持续性，综合产品设计对供应链各环节的影响，得出最优的可持续产品设计方案。

（2）为企业可持续产品设计提供了决策支持。本书着重从供应商参与减排、零售商成本分担以及供应链网络三个角度研究企业的可持续产品设计，分析了面对不同的碳排放政策，企业应如何调整其产品设计，帮助企业实现经济和环境双重目标，增强企业产品的竞争力。

（3）为政府制定合理的碳排放政策提供参考。可持续产品设计是降低碳排放的有效手段之一，但在实践中可持续生产工艺的研发和实施都会导致企业成本的上升，这成为可持续产品设计实施的重大阻力之一，所以此时政府需要制定合适的政策，对企业进行积极引导，因此本书在研究可持续产品设计的同时，也分析了不同碳排放政策对可持续产品设计的影响，为政府制定合理的碳排放政策提供参考。

1.3 研究内容与研究方法

1.3.1 研究内容

本书的结构框架如图 1-1 所示，主要内容包括：

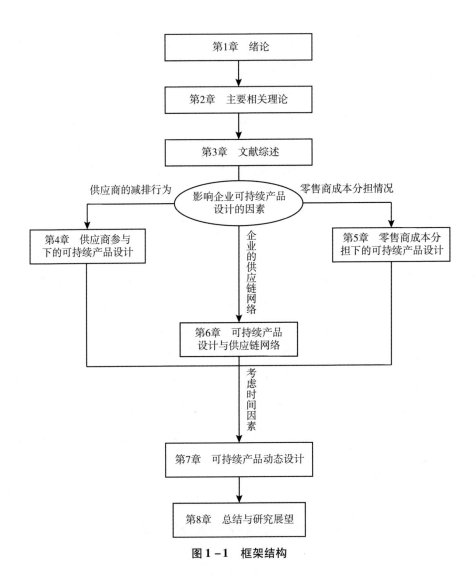

图 1 – 1 　 框架结构

第 1 章绪论。全面介绍了碳排放与可持续产品设计的研究背景，分析得出本书的研究意义，提出本书的研究内容与研究方法，并以框架形式对全书的研究思路进行了概括与总结。

第 2 章主要相关理论。本章主要介绍了碳排放、碳税、碳交易机制和可持续产品设计的相关理论，为后续研究奠定理论基础。

第 3 章文献综述。本章从面向回收的可持续产品设计、面向全生命周期的可持续产品设计、考虑碳排放的可持续产品设计、可持续产品设计的经济性分析与实施等几个方面出发介绍已有的相关文献，找到研究的空白点，为后面章节的进一步研究建立理论基础。

第 4 章供应商参与下的可持续产品设计。本章主要是关于供应商参与下的可持续产品设计，提出了是由供应商和制造商组成的两级供应链，其中供应商向制造商提供半成品，制造商经过一定的加工制造过程生产出最后的产成品，然后把这些产成品销售给消费者。本章通过构建一个以供应商作为领导者、制造商作为跟随者的两阶段斯坦伯格博弈模型来研究在制造商减排的基础上，供应商参与减排和供应商不参与减排两种情况下的制造商与供应商的最优决策，例如，供应商所提供的半成品价格和减排量、制造商的减排量和半成品的采购量。并使用算例分析的方法分析了碳税与消费者对碳排放敏感度对制造商和供应商最优决策的影响。

第 5 章零售商成本分担下的可持续产品设计。本章主要分析了零售商成本分担下的可持续产品设计，研究了由制造商和零售商组成的两级供应链，其中制造商把产品批发给零售商、零售商再把产品销售给最终消费者。本章通过构建一个以制造商作为领导者、零售商作为跟随者的两阶段斯坦伯格博弈模型来研究在制造商减排的基础上，零售商不承担减排成本和零售商承担一定减排成本两种情况下的制造商与零售商的最优决策，例如，制造商的减排量、制造商产品的批发价格、零售商的最优采购量以及零售商的成本分担率等。并使用算例分析的方法分析了碳税与消费者对碳排放敏感度对制造商和零售商最优决策的影响。

第 6 章可持续产品设计与供应链网络。本章从企业自身供应链角度出发，运用混合整数线性规划的方法和鲁棒混合整数线性规划的方法，综合考虑企业在供应链各环节的成本及碳排放，计算得出经济和环境两个方面的帕累托最优，分析得出企业在综合考虑经济和环境两个方面的最优产品设计方案，同时也可以得出企业在供应链采购、制造、分销和回收环节的最优决策。首先，主要是确定情况下的可持续产品设计；其次，进一步分析可持续产品设计所带来的不确定性对可持续产品设计的影响；最后，用一个实际案例来验证模型。

第7章可持续产品动态设计。本章主要以供应商、制造商和零售商组成的三级供应链作为研究对象，同时制造商为了鼓励供应商进行减排和鼓励零售商宣传与促销低碳产品，会帮助供应商分担部分减排成本，帮助零售商分担部分低碳产品的促销成本，本章主要分析在成本分担契约下三级供应链的可持续产品动态设计问题，对比分析得出在协同状态和非协同状态下产品的减排量运动轨迹，同时还得到供应商、制造商和零售商的最优决策及利润。最后，使用算例分析的方法分析了各参数对产品减排量的影响。

第8章总结与研究展望。本章在对全书的结论进行总结和提炼的基础上提出了本书研究的不足，并提出了未来的研究方向。

本书具体框架结构，如图1-1所示。

1.3.2　研究方法

本书采用定性分析与定量分析相结合的研究方法，以及系统分析与比较研究相结合的研究方式，运用多目标混合整数线性规划、鲁棒混合整数线性规划的数学模型，以及博弈论的研究方法，结合国内外同类研究最新成果，从可持续产品设计的视角出发，比较全面系统地研究了可持续产品设计的相关问题，为企业在新形势下的可持续产品设计提供相关的对策建议。

首先，通过文献研究方法对国内外碳排放及可持续产品设计相关研究成果进行梳理，归纳总结出可持续产品设计的相关基本理论，结合查阅到的国内外碳排放及可持续产品设计相关文献，找出目前存在的主要不足和研究问题。

其次，运用博弈论的方法分析了供应商参与和零售商成本分担的情况下制造商如何设计产品，如何确定产品的减排水平，并且分析了碳税和消费者碳排放敏感度对供应商、制造商和零售商最优决策的影响。

再次，运用混合整数线性规划的方法，从企业自身的供应链网络角度出发，综合考虑企业在供应链各环节的成本及碳排放，得出经济和环境两个方面的帕累托最优，分析出企业在考虑经济和环境两个方面的产品设计方案，也可以得出企业在供应链采购、制造、分销和回收环节的最优决策。同时为了分析可持续产品设计所带来的不确定性，例如，需求的不确定性、回收率的不确定性等对可持续产品设计的影响，本书使用鲁棒优化的方法来分析不确定性对可持续产品设计的影响。

最后，使用微分博弈的方法，将时间因素引入可持续产品设计中，主要分析在成本分担契约下可持续产品动态设计问题，对比分析得出在协同状态和非协同状态下产品的减排量运动轨迹，同时还得到供应商、制造商和零售商的最优决策及利润。最后，使用算例分析的方法分析了各参数对产品减排量的影响。

总体来说本书主要采用了文献研究方法、混合整数线性规划研究方法、鲁棒优化研究方法、博弈论研究方法以及决策分析法等。

1.4 创 新 点

本书在已有研究的基础上，进行了以下几方面的创新研究：

（1）将碳排放因素对产品价格的影响融入企业可持续产品设计中。目前学术上对碳排放的研究已经比较丰富，但是关于碳排放对于产品价格和市场需求的影响还相对较少，因此本书充分考虑碳排放因素对企业低碳产品设计的影响，从供应商参与减排、零售商成本分担和供应链网络三个角度来分析碳排放因素对企业低碳可持续产品设计的影响。

（2）在可持续产品设计中考虑了消费者的碳排放敏感度。随着低碳经济的逐步发展，消费者的低碳意识越来越强，客户价值将受到产品的碳排放量的影响。以往关于消费者行为与碳排放之间关系的研究主要集中在不同的消费者行为对碳排放总量的影响，消费者的低碳消费模式受哪些因素的影响，以及如何促进消费者的低碳消费，并没有考虑到消费者的碳排放敏感度对产品价格和市场需求量的影响，因此本书将消费者的碳排放敏感度融入产品的需求函数中，并且分析了碳排放敏感度对供应链各成员决策的影响。

（3）详细分析了供应链上影响企业可持续产品设计的因素。供应链上影响企业可持续产品设计的主要因素包括供应商的减排行为、零售商的成本分担情况，以及企业的供应链网络，所以本书主要从这三个视角出发来分析企业的可持续产品设计，得出企业最佳的可持续产品设计方案，并且分析了企业应该如何根据供应商的减排情况、零售商成本分担情况、企业自身供应链网络的变化情况来及时调整可持续产品设计策略。

（4）将时间引入可持续产品设计中，研究可持续产品的动态设计问题。考虑到碳减排的连续性，将时间因素引入可持续产品设计中，主要分析在成本分担契约下可持续产品动态设计问题，对比分析在协同状态和非协同状态下产品的减排量运动轨迹，同时还得到供应商、制造商和零售商的最优决策及利润。

第2章

主要相关理论

2.1 碳 排 放

2.1.1 碳排放的概念

　　碳排放又被称为碳足迹，其概念最早起源生态足迹理论。作为最直观的碳排放指标——碳足迹，其概念最早起源于生态足迹理论。哥伦比亚大学的里斯（Rees）[18]最早指出生态足迹是可以吸纳人类排放的废物并且具有生物生产力的或者是为了维持一定的人口生存与经济发展而被需要的土地面积。而碳排放指的是某个产品、某个组织或者某项活动所产生的温室气体（green house gas，GHG）总量。

尽管关于碳排放的理论的研究日益增多，但是对于碳排放的概念仍然缺乏统一的定义，表 2 - 1 展示了不同学者和机构对于碳排放的定义。

表 2 - 1   **碳排放的定义**

来源	碳排放的定义
BP[19]	碳排放是指人类在日常活动中所产生的二氧化碳的排放总量
Energetics[20]	碳排放是指人类在各类经济活动中直接产生的或者间接产生的二氧化碳的排放总量
ETAP[21]	碳排放是指人类在各项活动中所产生的温室气体相当于二氧化碳的等价物
哈蒙德（Hammond）[22]	人类在各项经济活动中所产生的碳重量
WRI/WBCSD[23]	碳排放主要来自机构自身的碳排放、除机构自身外的为其提供能源的部分的碳排放、产品整个生命周期的碳排放三个层面
Carbon Trust[24]	产品在其生命周期所产生的二氧化碳排放量以及其他温室气体转化为二氧化碳排放量的等价物
POST[25]	产品在原材料采购、制造、分销和回收所产生二氧化碳排放量和其他温室气体的总和
维德曼（Wiedmann）[26]	把碳排放分为两类：第一类是指产品在生命周期内所产生的二氧化碳的排放量；第二类是指某一活动所直接产生或间接产生的二氧化碳的排放量
格鲁布（Grub）[27]	化石能源燃烧时所产生的二氧化碳的总量

由表 2 - 1 可以看出，对于碳排放的定义中所涉及的温室气体的种类、系统边界以及碳排放的度量单位还存在一定的争议。

对于碳排放所涉及的温室气体种类，有些学者认为除二氧化碳以外的其他温室气体也应该包括在碳排放的范围内，其他温室气体也应该转化成二氧化碳来表示[28]。而另一些学者认为计算碳排放量只需计算二氧化碳的碳排放量[29]。为了便于数据分析，本书在进行碳排放度量时只考虑二氧化碳的排放量。

对于碳足迹系统边界的划定，目前应用更广泛的是温室气体议定书和 ISO 14064 对碳排放范围的界定，把碳排放界定了三大范围，范围一是企业拥有和控制的直接碳排放；范围二主要是指企业在生产过程中使用的外部采购电力、热力以及蒸汽等能源所产生的碳排放；范围三主要是一些由企业活动引起，但是却被其他企业控制的碳排放，例如，企业所采购的原材料在其生产过程中的碳排放、企业在运输产品过程中使用的燃料所产生的碳排放等[30]。

对于碳排放的度量单位有两种：一种是质量单位，另一种是面积单位。由于国际上的温室气体减排协议和有关研究报告都是以质量单位来度量碳排放的，因此，为了与国际标准接轨，本书也利用质量单位对碳足迹进行度量。

基于以上考虑，本书定义碳排放如下：碳排放是指某一产品、服务或活动在其全生命周期内所产生的碳排放的总量，包括直接碳排放和间接碳排放，并且其度量单位是质量。

2.1.2 碳排放的计算方法

碳排放的计算方法主要有六种：第一种是生命周期评估法（LCA），第二种是投入–产出分析法（I/O 分析法），第三种是国家温室气体清单指南计算方法（IPCC 方法），第四种是排放系数法，第五种是直接检测法，第六种是质量平衡法。下面分别介绍这几种碳排放的计算方法。

2.1.2.1 生命周期评估法

生命周期评估法（LCA），是一种自下而上测算碳排放的方法，它可以对产品整个生命周期过程中的碳排放进行后续评估[31]。生命周期评估法以过程分析为基础，识别和量化了产品全生命周期，包括原材料提取和处理、生产制造、分销配送和零售、消费者使用以及最终处理或（和）再生利用过程中消耗的能源和物质以及最后排放到环境中的污染物，并评价和实施了有利于环境提高的各种方法[32]。英国碳信托机构的产品碳足迹的测算方法是生命周期评估法的典型代表[33]。巴特莱米（Barthelmie）使用基于生命周期评估法建立的碳排放测算模型分析了比格尔镇的碳足迹[34]。斯特拉特（Strutt）在测量水产品的碳排放时也使用了生命周期评估法[35]。

生命周期评估法具体的计算过程如下：

（1）建立产品的制造流程图。建立产品的制造流程图是为了尽可能将产品在全生命周期中所涉及的原料、活动和过程全部列出，为后续的计算打好基础。主要的流程图有两类：一类是"企业 - 消费者"流程图（原料—制造—分配—消费—处理/再循环）；另一类是"企业 - 企业"流程图（原料—制造—分配），不涉及消费这一环节。

（2）确定系统边界。一旦建立了产品流程图，就需要界定该产品碳足迹的计算边界。系统边界界定的原则为：要包括生产、使用以及最终处理该产品过程中直接和间接产生的碳排放。以下情况可以排除在边界之外：碳排放小于该产品总碳足迹1%的项目，消费者购买产品、使用交通工具所产生的碳排放，以动物作为交通工具所产生的碳排放。

（3）收集数据。计算碳足迹必须包括两类：一类为产品在全生命周期范围内的所有物质和活动；另一类为碳排放因子，即单位物质活能量所排放的二氧化碳等价物。这两类数据可为初级数据或次级数据。一般情况下，为了使研究结果更为准确可信，应尽量使用初级数据，因其可以提供更为精确的排放数据。

（4）计算碳足迹。产品全生命周期各阶段的碳足迹可以利用以下公式计算：

$$E = \sum_{i=1} Q_i \times C_i$$

其中，E 为产品的碳足迹，Q_i 为 i 物质或活动的数量或强度数据，C_i 为单位碳排放因子。

（5）结果检验。结果检验是用来对碳足迹计算结果的准确性进行评价的步骤，该步骤使分析过程中的不确定性达到最小化以提高碳足迹评价的可信度。检验的途径一般可采用原始数据代替次级数据；使用更为准确的次级数据；计算过程更加细致等。

生命周期评估法的优点是计算过程比较详细准确，分析结果具有针对性，适用于微观系统中的碳排放计算。缺点是在计算过程中只考虑了直接影响和少数的间接影响，使计算结果存在一定的误差；另外，需要投入较多的人力和物力资源才能获得比较详细的清单数据[36]。

2.1.2.2　投入－产出分析法

投入－产出分析法与生命周期评估分析方法相反，是一种自上而下的碳排放的测算方法，由美国著名经济学家列昂惕夫（Leontief）提出[37-38]，它主要研究经济系统中各部门间的投入与产出的关系，通过编制投入－产出表和构建平衡方程来计算原始投入、中间投入以及中间产品和最终产品之间的关系[39]。通过结合各部分的碳排放数据，投入－产出分析法可用于计算各部分为终端用户生产产品或服务而在供应链上引起的碳排放总量。该方法比较适合工业、商业等宏观系统的碳排放测算，目前有很多学者使用这种方法来测量中国[40]、美国[41]、英国[42]、澳大利亚[43]，以及全球[44]范围内的碳排放。使用投入－产出分析法计算碳排放分为三个层次：第一层次主要是关于本部门在生产经营活动中所产生的直接碳排放；第二层次包括本部门在生产经营活动中所消耗的能源的碳排放；第三层次包括本部门在生产经营活动中所产生的所有直接和间接碳排放。投入－产出分析法的优点是具有综合性和鲁棒性，能够计算出经济变化对碳排放的影响，并且碳排放核算过程只用花费较少的人力和物力资源。缺点是数据量大不容易收集，且计算结果不够精确。

鉴于生命周期评估法和投入－产出法存在各自的优缺点，马修斯（Matthews）综合应用生命周期评估法和投入－产出分析法构建了生命周期评估－投入产出碳排放测算模型，这种模型主要用于企业、工业生产、家庭以及政府的碳排放[45]。拉尔森（Larsen）使用这种生命周期评估－投入产出碳排放测算方法计算了挪威中部城市特隆赫姆的市政服务方面的碳排放[46]。肯尼（Kenny）使用六种碳排放测算模型测算了爱尔兰的碳排放，并且对这六种碳排放测算模型的效果进行分析与比较[47]。樊杰等把消费分为生存型消费、发展型消费和奢侈型消费三种类型，分别测算了每种类型消费的碳排放，并且对这三种消费类型碳排放进行分析与比较，找出碳排放的主要来源[48]。

2.1.2.3 国际温室气体清单指南计算方法（IPCC 计算方法）

国际温室气体清单指南计算方法（IPCC 计算方法），是指联合国政府间气候变化专门委员会（IPCC）所编写的《国家温室气体清单指南》中提供的温室效应气体（GHG）排放计算方法。目前国际上主要部门的 GHG 排放多采用 IPCC 清单编制法。现阶段，研究者主要运用该方法对不同领域直接碳足迹进行计算。《2006 年 IPCC 国家温室气体清单指南》将碳足迹研究领域分为能源、工业过程和产品使用、农林业和土地利用变化部门、废弃物部门四大部门，从生产的角度研究特定部门的直接排放。其中：第一，能源部门是指主要以依靠能源燃烧来进行经济活动的部门。能源部门是 IPCC 清单中碳排放的重要部门，一般情况下能源部门二氧化碳的排放量占总排放量的 90% 以上。第二，工业生产过程和产品使用部门的碳排放主要是指产品在生产和使用过程中产生的碳排放，以及能源作为原材料使用时所产生的碳排放。在工业生产过程中如果能源作为燃料使用时所产生的碳排放应该列入能源部分考核。第三，农林和土地利用变化部门的碳排放主要指农业活动所产生的碳排放。第四，废弃物处置部门的碳排放主要是指废弃物的焚烧、废水处理过程与排放过程中所产生的碳排放。

在 IPCC 计算方法中，针对不同的部门，碳足迹对应的计算方法各不相同，但最简单最常用的方法是：碳排放量 = 活动数据 × 排放因子。由于生产工艺、技术水平等差异，各国选取的排放因子往往不同。IPCC 给出了不同生产工艺和不同国家的各种缺省排放因子，在没有相关数据情况下可以直接采用 IPCC 提供的相关数据。

《2006 年 IPCC 国家温室气体清单指南》计算方法将研究对象划分为能源部门和工业过程与产品使用，并且计算过程全面考虑了所有的碳排放，计算过程比较详细，这是这种碳排放计算方法的一大优点。但是这种方法主要从生产角度出发来计算特定区域内的直接碳排放，无法从一些消费角度计算隐含的碳排放，这是 IPCC 碳排放计算方法的缺点。

2.1.2.4 排放系数法

IPCC 中的温室气体清单指南提供了计算碳足迹的方法，其计算的核心思想就是以温室气体排放量为活动数据与相应的排放系数的乘积，该方法在国际上得到了广泛的应用，目前大多数的计算温室气体排放量的规范都遵循了这样的计算思路，以这些规范和标准为代表的碳足迹的计算方法就是排放系数法。例如，PAS 2050、TSQ 0010：2009 等规则和规范中对碳足迹的计算都属于排放系数法，虽然这些规范都是使用的排放系数法，但是这些规范和规则的适用对象及数据收集方法等都存在着差异，因此，我们应该认真研究这些方法再进行使用。

另外，目前比较流行的碳足迹计算器中对碳足迹的计算也属于排放系数法，这种碳足迹计算器通常用来简单计算或估算家庭或个人因消耗能源而产生的碳足迹，主要是通过设定油、电等能源的排放系数，或者根据运输工具的类型和运输距离来达到计算碳足迹的目的。碳足迹计算器的优点是操作简单不需要操作者拥有太多专业知识，结果浅显易懂，有利于公众的理解，便于公众可以随时计算自己在当天生活中所产生的二氧化碳排放，对于提高公众碳足迹意识和低碳行为具有重要作用。目前，碳足迹计算器种类多样，但由于不同的碳足迹计算器的复杂度和计算的种类不同，导致其结果存在一定的差异。同时，由于其转换因子的不可知性，使用者很难对碳排放所产生的影响进行相应的理解。

2.1.2.5 混合生命周期评价法

为了结合生命周期评估法和投入－产出分析法的优点，有学者提出了混合生命周期分析法（Hybrid-LCA），它既包含了生命周期评估法具有针对性的特点，又成功对截断误差进行了规避。能够有效通过已有投入－产出表，简化计算过程。目前，混合生命周期分析法可进一步分为三种类型：层列式分析法、拆分投入－产出部门分析法和集成式混合分析。

（1）层列式分析法概念开始于20世纪70年代，布拉德（Bullard）等将过程分析法和IOA法结合起来计算美国经济的净能源需求。层列式分析法在产品或过程的使用阶段、处置阶段以及重要的上游阶段使用过程分析法，其余层次或阶段则使用IOA。该方法将基于过程分析和基于投入－产出分析结合在产品生命周期分析中。层列式分析法比较完整和相对快速的清单结果，但是在基于过程分析系统和基于投入－产出分析系统的边界需要慎重选择。如果重要的过程采用了汇总的投入－产出数据会产生比较显著的误差，同时该方法存在重复计算的问题。并且该方法独立处理基于过程分析系统和基于投入－产出分析系统，所以这两个过程的相互作用不能通过该系统方法进行评估。例如，产品生命周期结束时，可通过为投入－产出系统提供原材料或能量改变产业部门的相互作用，该作用不能通过层列式分析法建模分析。

（2）拆分投入－产出部门分析法。通常，拆分投入－产出分析法是通过拆分投入－产出表的部门进行的。假设在投入－产出表中的部门和它的主要产品被拆分为两个部分，产品从生命的开始到消费前阶段的这个过程，运用拆分投入－产出表分析法，计算表达式为：

$$M' = B'(I - A')^{-1}K'$$

该产品生命周期的余下阶段，包括产品的使用和处置则需要手动添加。该方法最关键的步骤是对投入产出的拆分，充分利用现有的生命周期清单的详细信息，如输入要求、销售结构、环境干预等。

（3）集成式混合分析，是混合生命周期评估法中较为复杂的一种，其计算表达式如下：

$$M_{IH} = \begin{bmatrix} \tilde{B} & O \\ O & B \end{bmatrix} \begin{bmatrix} \tilde{A} & M \\ L & I-A \end{bmatrix}^{-1} \begin{bmatrix} K \\ 0 \end{bmatrix}$$

其中，M_{IH} 为分析对象的温室效应气体排放量；$\tilde{B}$ 为微观系统的直接排放系数矩阵；$\tilde{A}$ 为技术矩阵，表示分析对象在生命周期各阶段的投入和产出；X 表示宏观系统分析对象所在的微观系统的投入，与投入 – 产出表中的特定部门相关联；Y 表示分析对象所在的微观系统向宏观经济系统的投入；K 为外部需求量；b 为直接排放系数矩阵，其元素代表某部门每单位货币产出直接排放的温室效应气体量；I 为单位矩阵；A 为直接消耗系数矩阵。

集成式混合分析法中，分析对象在生命周期各阶段的投入产出均可以表示为技术矩阵 $\tilde{A}$，因此该方法可以将微观系统的特定过程与宏观经济部门之间的联系放在一个统一的框架下进行相关研究。该方法在实践中对研究人员的理论要求较高，所以目前运用该方法核算碳足迹的研究不多。

2.1.2.6 小结

在碳排放的计算过程中，不管使用哪种方法，都要遵循以下几个原则：第一，相关性，选择适合于评价所选产品生命周期碳排放的源数据和方法；第二，完整性，包括所有对一个产品生命周期排放提供实质性贡献的碳排放和存储；第三，一致性，在碳排放的相关信息中能够进行有意义的比较；第四，准确性，尽可能地减少误差和不确定性；第五，透明度，在通报结果时，披露足够的信息，以允许第三方作决定。

2.2 碳　　税

2.2.1　碳税的定义

美国碳税研究协会认为碳税是一种环境税，主要是通过对产品在生产和消费环节所排放的二氧化碳量来征税的一种税种，以达到降低二氧化碳的排放量进而缓解全球气候变暖趋势的目的。碳税在众多的降低碳排放手段中被认为是效果最好的，同时也是成本最低的经济手段[49]。碳税有两个方面效果：一方面，碳税可以促进能源产品的转换，改变能源生产和消费结构，鼓励能源节约并提高能效；另一方面，碳税的税收循环可以影响投资和消费行为，例如，可以通过对环保项目或者节能减排技术创新进行补贴，激励可再生能源的发展。同时碳税也存在一些缺点。首先，碳税在短期内提高了相关产品的价格，增加了企业成本，降低了能源密集型产业的竞争力，对经济增长有一定的负面影响。其次，碳税的减排效果是不确定的。企业可以通过提高产品价格的方式把相关成本转移给最终消费者，因此，碳税有可能导致政府的税收收入增加，而并没有使碳排放量下降。此外，如果碳税收入没有进入到循环模式，碳税会比碳交易体系或者是命令控制手段增加更多的企业成本，这将会降低公众对碳税的接受程度[50]。

在各国政府开始征收碳税之前就有保护环境的税种，如环境税和能源税，在一段时间内碳税与之前的环境税等相关税种同时存在。碳税与其他税种存在一定的差别，下面具体比较碳税与其他税种的区别。

（1）碳税与能源税的比较。能源税是一个更广泛的概念，它包括世界上大多数国家征收的燃油税或者电力税，也包括我国的成品油消费税。学术上，它泛指以各种能源类型为税收对象的税种的统称。在部分国家，能源税也直接作为一个税种的名称出现。

从能源税的定义来看，能源税的内涵要大于碳税，碳税作为能源税的一部分而附属于能源税。能源税概念的产生时间要远早于碳税，碳税是在能源税的基础上发展起来的。从征收范围来看，两者都是对化石燃料进行征税，但碳税只针对化石能源燃烧后产生的二氧化碳排放，而能源税针对包含化石能源的所有能源，甚至对化石能源的产出物（如电力）征税。从计税依据上，碳税依据化石能源的碳蕴含量征缴，与此对应，能源税是对能源的消耗数量计征。从效果来看，两者都具有一定的二氧化碳减排和节约能源的作用，但碳税更加直接。

（2）碳税和环境税。总的来看，环境税的定义分为两种，即狭义的环境税和广义的环境税。广义的环境税被定义为，为实现特定的环境保护目标并以筹集环境保护资金为目的的相关税种和税收措施的总称。狭义环境税被定义为，为了保护环境而对污染环境的经济主体征收的税种，其目的是限制环境污染的范围、程度。狭义环境税根据税收对象的不同可分为污染排放税和污染产品税。一般而言，环境税有调节性、反比性、点源性、多向性、灵活性等特点。与碳税和能源税相比，环境税的外延既包括能源税和碳税也包括其他与环境保护相关的税种，其外延较碳税和能源税更大。

2.2.2 碳税的分类

碳税有不同的分类方法，大致可以分为以下几种：

（1）根据实施目的可分为基于激励目的的碳税和基于收入筹资目的的碳税。基于激励目的的碳税是通过提高化石燃料或二氧化碳排放价格来减少碳排放。激励目的至少有三方面的含义：一是税基选择必须达到影响行为的作用；二是税率的设置必须足够高，以便使社会费用全部内部化，或是达到一个专门的环境效果；三是那种由于激励性碳税具有收入中性的特点而担心会全面加重税收负担的想法是没有根据的。基于收入筹资目的的碳税更关注税收收入，其目的是改进能源使用效率而筹集资金。税率水平与筹资计划所需要的资金量有一定的比例关系，要大大低于在最优消减水平下排放消减的边际费用。但一般来说，较低的税率水平会使以收入为目的的碳税达不到激励作用，对经济行为无显著影响。

（2）根据征税标准可分为差别碳税和统一碳税。差别碳税是在一国范围内为不同行业地区，制定不同的碳排放税制度，差别主要表现为碳税税率的差异。统一税则与差别税相反，不同行业或地区征收统一的、以边际费用为基础的碳税，从而保障碳税的有效性。从国际上来看，碳排放是个历史积累的问题，不加区别实行统一的碳税税率，无疑使边际控制费用较低的排放者承担更多的消减责任，发展中国家将要比发达国家承担更多税负。从国家层面来看，考虑到一国范围内的地区经济发展水平的不同，则要实施差别税率，以支持落后地区、重点行业的发展，以实现更大范围的公平。

（3）根据调节对象可分为国家碳税和国际碳税。经济合作与发展组织根据税收调节目标把碳税分为单方国家税、经协调的国家税和国际税。概括地说，即国家税和国际税。单方国家税定义为在一国范围之内施行的碳排放税政策；经协调的国家税是单方国家税的改进和延伸，把单一的国家措施与国际不同国家的政策进行协调。国际税是学术界的理论碳税模式，它被定义为由统一的国际税收协调组织统一制定并实施，在世界各国范围内征收的碳排放税，欧盟的航空碳税政策可以视为国际碳税的初步尝试。

2.2.3 碳税的理论基础

庚古税、污染者付费原则、双重红利理论和公共产品理论是碳税的理论基础，下面具体介绍这几种相关理论。

2.2.3.1 庇古税

碳税的理论基础是庇古税。碳排放所导致的全球气候变化问题从根本上讲是经济学中的外部性问题。经济外部性又叫经济活动外部性，是一个经济学的重要概念，指在社会经济活动中，一个经济主体（国家、企业或个人）的行为直接影响另一个相应的经济主体，却没有给予相应支付或得到相应补偿，就出现了外部性。外部性可能是正面的，也可能是负面的。所谓正外部性是指行为人实施的行为对他人或公共的环境利益有溢出效应，但其他经济人不必为此向带来福利的人支付任何费用，无偿地享受福利；所谓负外部性是指行为人实施的行为对他人或公共的环境利益有减损的效应。

根据外部性理论，使用政府干预的方法可以使环境外部成本内部化，即通过税收和补贴消除边际私人成本和边际社会成本相背离的情况。如果边际私人成本大于边际社会成本，则政府对其征税；如果边际私人成本小于边际社会成本，则政府对其进行补贴，这就是著名的庇古税理论[51]。庇古税是一种理想化的税收，它的成立是以污染者追求利益最大化、不考虑信息费用、所处的市场是充分竞争的等一系列严格的假设条件为基础的，但实际上这些假设条件在现实情况中很难达到。鲍莫尔（Baumol）为了解决庇古税在实施过程中所遇到的问题，提出了"环境标准－定价方法"，所谓"环境标准－定价方法"主要是指政府先设定一个污染排放标准，税率根据环境标准进行调整直到达到合适的水平[52]。在此基础上，巴罗斯（Burrows）提出政府在不完全信息的情况下主要可以有两种方法来应对这种情况，第一种方法主要是使用逐步控制的方法对太低或太高的庇古税进行持续调整，直到找到最优税率；第二种方法是详细计算出各项排放成本，分析得出税率[53]。

根据污染的排放者对环境所造成的污染程度来对排污者进行征税是庇古税的根本出发点。环境保护中资源配置的效率问题与公平问题是由碳排放的负外部性造成的，碳税是解决碳排放外部性问题内部化的一个有效方法。在产品和服务的成本中增加碳排放所导致的环境成本，政府通过税收或补贴的形式对碳排放者征收税收，对为降低碳排放而作出贡献者进行补贴，这就是庇古税的基本理论。经济学家科斯根据庇古税的基本理论提出了著名的科斯定理，即只要财产权是明确的，并且交易成本为零或者很小，那么，无论在开始时将财产权赋予谁，市场均衡的最终结果都是有效率的，实现资源配置的帕累托最优。根据科斯定理和庇古税的理论，碳税开始在欧洲的一些国家逐步实行。

图 2 - 1 从经济学角度解释庇古税的原理。图中因碳排放造成的外部性损害由 MED 的差额部分表示，MC_{SOC} 表示社会边际成本曲线，MC 表示个人边际成本曲线，而 MB 表示边际收益曲线。根据图 2 - 1 中可知，Q_0 是 MB 与 MC 的当前市场均衡条件的平衡点，也就是市场自发的产出量。

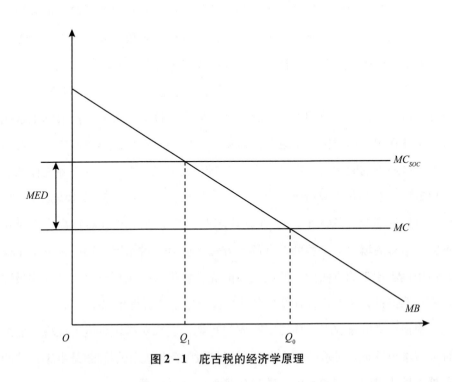

图 2 - 1　庇古税的经济学原理

为了实现环境资源的充分利用和合理配置并使其达到环境资源配置的帕累托最优状态，私人边际成本（MC）与社会边际成本（MC_{SOC}）必须相等（即达到图中的 Q_1 点），这意味着对碳排放征收了一个相当于外部性损害（即 MED）的税收。因为碳排放负外部性问题的存在，不对碳排放征税则意味着包含环境资源的经济体系不会达到帕累托最优状态，从而造成效率的扭曲和经济的损失。

从经济学角度看庇古税，可以发现它更偏向于效率而使资源更有效合理地配置。与罚款等污染控制工具相比，庇古税的政策成本更低，显然征收碳税更适合经济发展正处在上升期的中国。

2.2.3.2　污染者付费原则

污染者付费原则即污染者承担因其污染所引起后续损失和处理的支出，该原则明确了污染者的环境责任，对确定环境外部成本的承担者有着积极的作用。

污染者付费理论出现在 20 世纪 60 年代，这个概念的经济学源泉是企业所生产商品或者提供服务的价格在包含生产所需物质成本、人工成本、管理成本等常规成本之外，还应包含其在生产过程中耗费的环境资源。自从经济合作与发展组织采用污染者付费原则作为环境污染控制的理论基础之后，该原则得到世界各国政府的采用。

根据污染者付费原则，化石能源的使用者从二氧化碳的排放中获得了利益，因其所获收益，排放者应该为排放行为承担成本责任。污染者付费原则适用所有引起环境成本外部性的经济行为，其中包括环境污染物排放、自然资源开采和使用、生态破坏行为等。排放者消耗化石能源、向地球大气中排放二氧化碳的同时，从所生产的商品或者服务中获取了收益，因此排放者应该为其自身的污染环境行为付费，对二氧化碳排放征税符合污染者付费原则。

2.2.3.3 双重红利理论

在 20 世纪 90 年代初期，皮尔斯（Pearce）第一次提出环境税的"双重红利"效用。根据"双重红利"理论，第一重红利是指环境税的实施可达到控制环境污染、提高环境生态质量的目标。第二重红利是指环境税的征收可增加财政收入进而达到改善政府财政收入结构的同时带来就业和投资的增长。需要强调的是，目前学术界对双重红利理论仍然存在争议，部分学者的研究成果并未支持双重红利理论。

在对环境税的非环境收益的理论探讨上，目前主要有三种观点。第一种是弱式双重红利论，又称效率双重红利，它是指在环境改善之外，环境税的征收减少了原有的税收扭曲，减轻税收超额负担，完善税制配置功能。第二种是强式双重红利论，又称分配双重红利，即在环境红利之外，环境税的征收可实现环境收益及税收制度效率的改进，使税收更加公平，以提高社会整体福利水平。第三种是就业双重红利论，是指在环境收益之外，环境税的征收可降低劳动要素成本，并增加社会需求，进而在提高环境质量的同时增加就业。

随着环境税费非环境收益研究的深入，有学者发现双重红利的存在实际上是有条件的。在双重红利的税收交互效应大于收入循环效应时，则非环境收益不存在，即没有第二重红利。尽管目前对环境税的强式双重红利和就业双重红利尚存较大的争论，但对环境税的绿色利润和弱式双重红利大多数学者认为是存在的。我国学者的研究较支持环境税的弱式双重红利理论。

2.2.3.4 公共产品理论

纯粹公共产品的两个本质特征是非排他性和非竞争性。通常，这两个特征被用来作为判断公共产品和私人产品的基本标准。根据公共产品理论，环境作为一种公共产品，其使用者存在不需要付出相应成本却可以获得收益的现象。这种非正常市场现象导致治理和保护环境主体在付出了成本之后却不能获得相应的收益。从实践来看，这一问题的解决是通过行政干预或者税收的手段强制环境产品消费主体为其环境消费付费。当前企业对二氧化碳减排严重缺乏动力，在开征碳税的前提下，环境就不再是公共产品，而是需要付费使用。在政策的激励之下，企业自然就有碳减排的动力。

2.2.4 各国碳税政策比较

20 世纪 90 年代初期，为了缓解温室气体对气候变化的影响，北欧多国政府开始征收能源税或者环境税，以期达到减少污染物排放的目的；到 90 年代中后期，荷兰、英国和德国等多个欧洲国家也相继借鉴环境税的成功经验，开始征收碳税等环境税。随着全球气候变化问题得到越来越多的关注，世界其他地区也开始了征收碳税的尝试，例如，加拿大的几个省和美国的加州。在较早实施碳税的几个北欧国家，国民收入中包括碳税在内的环境税所占的比重越来越大，与此对应企业或者居民所承担的劳动要素税负不断降低，在降低温室气体排放的同时，把碳税对经济增长和就业的冲击降到最小。鉴于欧洲在碳税政策的领先地位，世界各国均把欧洲的碳税实践作为本国政策制定的经验源泉。芬兰、瑞典、挪威和丹麦四国是世界上第一批推出碳税等环境税的国家，累计有二十多年的碳税实践经验，研究它们的碳税设计有极为重大的理论和现实意义。下文从征税对象和范围、税率、税收使用方式和税收优惠等方面介绍各国的碳税政策。

2.2.4.1 芬兰的碳税政策

（1）征税对象和范围。芬兰是世界上第一个推出碳税的国家，其中的很多经验值得各国学习。时至今日，芬兰的碳税制度经历了三次改革：第一阶段是 1990 年至 1994 年，此时碳税刚刚推出，计税依据单纯依赖于能源产品中的含碳量。第二阶段是 1994 年至 1996 年，碳税政策计税依据转为通过能源产品的含碳量和含能量确定，并且两者的比重从一开始的0.6：0.4转变为后来的0.75：0.25。第三阶段从1997年开始，碳税计税依据完全由能源产品燃烧释放的碳确定，即形成了纯粹的二氧化碳排放税。

（2）税率设定。经过这三个阶段的改革，芬兰的碳税从一开始的约合每吨二氧化碳1.2欧元逐渐提升到了目前的20欧元。值得注意的是，这一过程中，碳税税率是逐渐增加的，初始阶段的碳税与现阶段的相比税率相当低，这减缓了碳税改革过程中遇到的政治阻力。与此形成鲜明对比的是荷兰。实际上就在芬兰推出碳税之前，荷兰也进行了碳税改革的尝试，但与芬兰不同，荷兰一开始就将税率定在了一个比较高的水平，目前荷兰的税率水平与1988年的时候差异并不大。正是这个原因，使荷兰的碳税政策遇到了强大的政治阻力，并落在了芬兰之后。

（3）税收使用。虽然"双重红利"假说倡导收入中性的碳税改革，但是芬兰的碳税改革并非是收入中性的。在1997年，芬兰政府的碳税收入约为1.9亿欧元，约占当年GDP的0.2%，但与此同时削减的个人所得税和社会保险税达9.3亿欧元，可以看出碳税收入只是部分补充了劳动要素税负的较少[1]。这种做法的理由在于，通过减轻劳动要素税负，可以增加就业，从而增加与就业相关的其他税收。

（4）税收优惠。芬兰政府同时考虑到了居民和工业企业，并且除了电力税对工业企业设定较低税率以外，其他相关税收对不同经济主体均不作区分，也就没有给工业企业额外的优惠政策，这种做法与其他北欧国家具有显著区别。尽管如此，在分析芬兰对工业企业实行的碳税优惠政策时需要注意其初始名义税率水平相比其他国家原本就已经明显偏低。另外从1998年开始，芬兰政府对一些高耗能产业推出了税收返还制度，以减轻它们的能源税负。根据这一制度对于符合芬兰政府认定的符合高耗能产业要求且达到一定规模的

---

[1] 邢丽. 碳税国际协调的理论综述 [J]. 经济研究参考, 2010 (44)：40-49.

工业企业，将获得所上缴能源税的 85% 作为税收返还。芬兰政府所认定的高耗能产业是指工业企业应缴能源消费税占工业企业增加值的 3.7% 以上，其中机动车燃料税和税收补贴均不计入，规模条件指工业企业应缴税款超过5.1 万欧元。根据这一标准，1999 年仅有 12 家企业获得了该项税收返还，返还总金额为 1430 万欧元，这些企业主要分布在造纸行业中。但值得注意的是这 12 家企业占到整个国家造纸行业总产值的 90% 以上[①]。

2.2.4.2 瑞典的碳税政策

（1）征税对象和范围。在芬兰开征碳税以后，瑞典紧随其后于 1991 年引入碳税制度。在征税对象和范围设计上，瑞典参照了芬兰的做法。首先，与芬兰相似，瑞典的碳税征收范围包括用于发电以外其他用途的化石能源，对于电力产品征收单独的能源消费税。但是由于瑞典的电力资源主要依靠水力发电和核能发电获得，火力发电比重不大，因此这种对电力产业实行的优惠措施实际上起到的产业保护作用远远没有在芬兰那么明显。另外瑞典的碳税也同时对家庭和企业征收，但是考虑到对本国竞争力的保护，1993 年开始瑞典对工业企业征收的碳税进行了减免。

（2）税率设定。瑞典参照了芬兰的做法把碳税依附于能源税，通过将碳税税率的设定依赖于化石能源中的含碳量，从而针对不同的化石能源制定了不同的税率。根据能源含碳量计算，刚推出碳税的时候瑞典政府将税率设定在每吨碳排放 43 欧元，此后税率逐渐升高，至 2008 年的时候碳税税率达到每吨碳排放 106 欧元[②]。

（3）税收使用。瑞典政府通过征收碳税，弥补同期由于降低个人所得税带来的财政收入下降。这种做法可以分为两个阶段。第一阶段是 1991 年至

---

① 邢丽. 碳税国际协调的理论综述 [J]. 经济研究参考，2010（44）：40 – 49.
② 刘恒. 基于 CGE 模型的碳税征收对中国民航业的影响研究 [D]. 北京：中国地质大学（北京），2014.

2000 年。1991 年开始的减税改革使瑞典政府个人所得税收入下降了 95 亿欧元（相当于 1991 年 GDP 的 4.6%），使平均个人所得税实际税率下降至 30%，高收入群体的平均税率降至 50%。同期环境税收入 24 亿欧元，因此瑞典政府的环境税制改革也非收入中性的，环境税收仅能部分弥补减税带来的财政收入下降。第二阶段从 2001 年开始至 2010 年，目的在于进一步提高环境税在本国税收中的比重，降低中低收入者的税负。具体来说，政府在十年内将要把环境税增加 32 亿欧元，用于弥补降低个人所得税以后的财政收入减少。

（4）税收优惠。出于对本国产业竞争力的考虑，瑞典政府提出了一系列针对工业企业缴纳碳税的税收优惠方案。从推出碳税开始，虽然瑞典政府对家庭和企业都进行征收，但是工业企业的税率被消减了 50%。到了 1993 年工业企业缴纳的碳税税率进一步削减为普通税率的 25%，但是到了 1997 年这一比例又恢复到了 50% 并延续至今。另外，对于高耗能企业，政府还制定了额外的税收优惠措施。对于电力生产企业甚至不用缴纳任何的碳税或者能源税，但是非工业消费者在使用电时需要缴纳电力消费税。

2.2.4.3 挪威的碳税政策

（1）征税范围和对象。挪威与瑞士在同一年推出了碳税政策。挪威政府碳税的征税对象包括石油产品和煤炭产品，对于天然气的使用不征收碳税。

（2）税率设定。目前挪威的碳税税率平均折合为每吨碳排放 21 欧元，但是挪威政府为了维护本国企业的国际竞争力，同芬兰和瑞典一样设计了不同的税收减免和税收优惠方案，使实际税率在不同产业和能源产品之间差异很大，从最低的零税负到每吨碳排放 40 欧元。

（3）税收使用。与芬兰和瑞典的做法不同，挪威政府主要将碳税收入用于降低企业支付的劳动力成本，主要是通过减少雇主为雇员支付的社会保障税实现的。

（4）税收减免。挪威设计碳税税收减免制度的目的同样在于保护本国竞争力，针对不同产业减免幅度不同，并且存在一定的地区差异，对于北海地区企业设定了与大陆地区不同的减免方案，但地区差异效应远小于产业差异效应。在挪威，造纸、冶金和渔业享受较大幅度的税收减免，同时北海地区与大陆地区相比享受更多的税收优惠。例如，汽油使用需要缴纳的碳税为每吨碳排放 40 欧元，但是在北海地区汽油使用缴纳的碳税仅为 30 多欧元，与之相对应的是造纸业的税率仅为这一税率的 1/3，而冶金业和渔业则享受完全的免税政策①。

2.2.4.4 丹麦的碳税政策

（1）征税对象和范围。丹麦也是世界上第一批推出碳税政策的国家之一，它的碳税是通过附加于已有的对石油、煤炭和电力等产品开征的能源税之上的。丹麦碳税的推出是通过两步完成的：第一步开始于 1992 年 5 月，碳税开始针对居民进行征收；第二步始于 1993 年 1 月，碳税的征收扩大到了企业，虽然从 1992 年开始碳税也对企业进行征收，但是 1992 年以前工业企业可以获得全额的税收返还。

（2）税率设定。与芬兰不同，一开始丹麦就将碳税税率定在了每吨碳排放 13 欧元这一较高标准上。但是在推出碳税的同时，丹麦政府同时推出了能源税的减免方案。

（3）税收使用。在碳税政策基本确立后，丹麦开始进行了环境税制改革以进一步完善碳税的相关配套政策。这一改革可以被分为三个阶段。第一阶段改革起始于 1993 年，税收转移的主要对象是本国居民，目的在于通过环境税制改革降低个人所得税的边际税率。以 1998 年为例，丹麦政府对个人所得税的减免额占当年 GDP 的 2.3%，这一减免额部分通过增加的环境税收入补

---

① 范允奇. 我国碳税效应、最优税率和配置机制研究［D］. 北京：首都经济贸易大学，2013.

偿，该部分占 GDP 的 1.2%，部分通过提高社会保障税补偿，该部分占 GDP 的 1%。第二阶段改革于 1995 年展开，这次改革的主要对象是工业企业，但是规模较上次小了很多。改革使征收的环境税收入部分用于降低工业企业为员工缴纳的社会保险税，以及为节能项目投资提供财政补贴。通过这次改革，工业企业的能源消费被分为供暖部分和其他活动，对于供暖部分的能源消费，工业企业承担的税负与居民一致，需要缴纳全额的能源税和碳税。但是其他活动涉及的能源消费依然不需缴纳能源税，并且碳税税率根据具体情况依然进行了削减。第三阶段从 1998 年开始，增加的碳税被用于减少居民的税负。从 1999 年至 2002 年，税收转移总额 8500 万欧元，相当于 2002 年全年 GDP 的 0.3%。

（4）税收减免。碳税的推出打破了在丹麦工业企业免征能源税的传统。在碳税推出以前，丹麦的工业企业能源税负非常低，因此碳税的推出也是能源税制改变的一个转折点，这意味着丹麦的工业企业，尤其是高能耗工业企业，再也不能置身于能源税负之外了。但是丹麦对本国工业企业的碳税依然实行了较大幅度的税收优惠。从 1993 年至 1995 年政府对工业企业的碳税税率实行了 50% 的税收减免，因此工业企业此时实际承受的碳税税率并非每吨碳排放 13 欧元的名义税率，而是每吨碳排放 6.5 欧元。

2.3 碳交易机制

2.3.1 碳交易机制的内涵与发展

碳排放权的交易通常被简称为碳交易，它是人类应对全球温室气体排放实践中应运而生的一种市场手段。按照世界银行的定义，碳交易，是指一方凭购买合同向另一方支付以温室气体排放减少或获得既定量的温室气体排放权的行为。碳交易的基本原理是：如果等量二氧化碳在世界任何一个地方的排放对气候变化产生的效果都是相同的，那么购买方通常可以以配额或排放许可证的形式向出让方购买温室气体的减排额，而这种交易应该在碳交易市场上完成。这是一种利用市场机制解决环境问题的尝试。

实践中，当前最具代表性的拍卖－交易机制，就是欧盟碳排放交易机制，是温室气体排放交易方面的欧洲各国针对气候变化的政策框架之中的核心要素。这一机制在 2005 年启动，占据了欧盟一半左右的二氧化碳排放，并且包括全部电力生产的排放；另外，ET-EUS 是世界上最大的碳排放交易市场，在世界碳交易市场中具有示范作用。EU-ETS 的实施计划主要包含三个阶段。

2.3.1.1　第一阶段

在欧盟碳排放交易机制中规定：碳排放许可证由政府采用行政手段直接免费分配给排放企业。这些企业根据自己的实际二氧化碳排放量，可以自由买（或卖）不足（或多余）的许可部分。排放配额的分配综合考虑成员国和成员企业的历史排放、预测排放和行业排放标准等因素。在这个阶段中，再细分为几个周期，碳排放总量逐周期递减，排放实体每周期剩余的碳排放权可以用于下一周期的交易，但不能带入下一阶段。

2.3.1.2　第二阶段

欧盟在拍卖－交易机制的第二阶段在第一阶段运行的基础上，获得宝贵的基础排放数据。因此，在第二阶段提出了一个更加合理、让参与实体通过一定的努力可以实现的碳排放总量目标。与第一阶段不同的是，第二阶段开始引入排放配额有偿分配机制，即采取免费发放配额与拍卖相结合的分配方式。从排放总量中拿出一部分比例，以拍卖的方式分配，排放实体根据自身的减排要求和减排能力考虑是否到市场中参与竞拍，有偿购买这部分配额。

事实上，以拍卖方式分配的配额比例将逐步提高。因此，EU-ETS 也经常被称为拍卖 – 交易系统。

与第一阶段相同，第二阶段里也可细分为几个周期，碳排放总量也将逐周期递减。排放实体每周期剩余的碳排放权可以用于下一周期的交易，但也不能带入下一阶段。这个阶段对于政策制定者和参与实体企业关注的核心区别就在于碳排放权的拍卖分配。

2.3.1.3 第三阶段

在第三阶段中，欧盟总排放限额将在欧盟层面直接设定，而非以往由各成员国先自行设定各国排放限额，再形成欧盟总排放限额，这将使排放限额和配额总量的确定更加透明和公平，同时也给了各成员国更大的减排压力。碳排放配额的分配方式将以拍卖为主。EU-ETS 前两期，排放配额分配以免费分配为主、拍卖为辅，在第三期将转化为以拍卖为主、免费分配为辅。同时，在第三期中，欧盟分配排放配额时，将基于各行业以往的单位产值的排放配额，而非其历史排放量。

2.3.2 碳交易价格

尽管以二氧化碳为代表的温室气体本身并没有价格，因为它不是商品。但碳排放权的稀缺使其已经成为一种可交易的商品，因而也就有了碳价格。碳排放权的供给方通过让渡碳配额获得补偿收益，需求方通过支付一定的费用得到相应额度的碳排放权，进行正常的碳排放生产经营，使碳排放权具有了交换价值。碳价格是碳交易市场体系中的关键因素，碳价格机制也是碳市场中的重要机制。根据经济学的一般原理，碳价格的决定大致有以下因素：

（1）减排的边际成本。减排的边际成本受制于减排技术，通常有两种情况：在减排技术水平不变的前提下，减排设定目标越高，履约的成本也越高，因此，碳的价格也会居高，处于上游的趋势，价格曲线向左移动。当减排技术水平提高的情况下，履约成本会降低，碳价格也会随之降低，价格曲线向右移动。图 2-2 表示减排的边际成本与价格之间的关系。

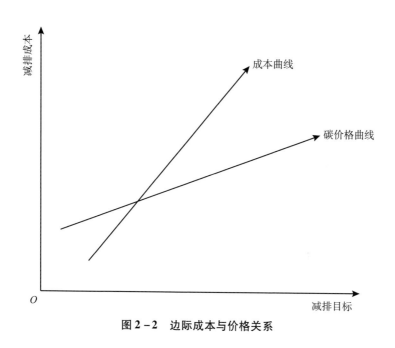

图 2-2　边际成本与价格关系

在碳交易市场上，特别需要注意的是，能源市场价格很大程度上影响了减排的边际成本。电力价格、石油价格和煤炭价格等对碳交易市场上的碳排放权价格影响非常明显。经研究发现，能源行业的产品价格直接影响减排的边际成本。

（2）供求关系变化。碳排放权作为可交易的生产要素，也具有一般商品的基本属性，除了受成本影响之外，价格还反映供求关系的变化，受供需因素影响。根据经典的需求与供给理论，当其他条件不变时，需求增加、价格升高、供给增加、价格降低；而价格越高、需求数量越少、供给数量越大，这一原理同样适用于碳交易市场。具体如图所 2-3 所示。

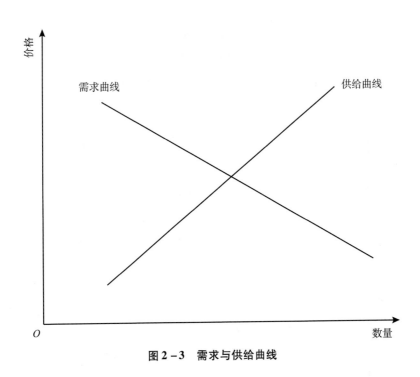

图 2 – 3　需求与供给曲线

但是，最近几年在国际碳交易市场上，碳价格一直呈上涨趋势，这可能与政府不断地调高减排目标有关，影响了供求关系。排放限额决定了排放权的需求，设置的温室气体排放限值越高，供给和需求的变化，都会导致价格或高或低。

（3）政府管制。碳排放权作为稀缺的特殊商品，政府管制对碳及其价格的影响往往要比市场还大。例如，在欧盟碳排放交易体系构建的过程中，第一阶段派发配额超出实际排放量的 4%，导致碳价格的一路走低。为了提高价格，第二阶段分配的配额甚至比 2005 年还降低了 6%，结果又引发碳排放权价格的上涨。这两次价格变动完全是因为市场之外的政府行为所导致的。此外，碳价格也不可避免地受到来自国际国内经济形势变化的影响。2008 年开始的全球金融危机对实体经济的影响直接传导至国际碳交易市场，欧盟排放配额的价格从危机发生之前的每吨 25 欧元大幅度跌落至 10 欧元。可见，政府管制这只"看得见的手"对碳价格的影响更敏感。

2.3.3 碳交易市场

在经济学中，通常将生产要素定义为生产物品与服务的投入。随着全球碳排放的增多与气候变化的加剧，环境使用成本越来越大，并在投入－产出中形成环境投入，导致人们越来越重视资源环境要素及其价格。资源环境要素的内涵丰富，主要包括用水权、用能权、排污权和碳排放权等。资源环境要素的市场化机制，是指通过引入资源环境代际成本和外部成本，使资源环境要素在市场中形成合理的价格从而内部化资源环境要素的外部性，提高资源环境要素的利用效率。对于碳排放权而言，则可以通过构建碳排放权交易市场，利用总量控制、配额分配与交易机制实现碳排放权的产权界定，从而形成碳资产的市场价格，并通过市场机制使减排任务集中于减排优势企业，从而降低社会碳减排成本，实现碳排放权等资源环境要素以及劳动力、资本等传统要素的优化配置，最终实现整个社会与产业的绿色低碳发展。

碳交易市场，顾名思义就是把以二氧化碳为代表的温室气体视作"商品"，通过给予特定企业合法排放权利，让二氧化碳实现自由交易的市场。碳市场的供给方包括项目开发商、减排成本较低的排放实体、国际金融组织、碳基金、各大银行等金融机构、咨询机构、技术开发转让商等。需求方有履约买家，包括减排成本较高的排放实体；自愿买家，包括出于企业社会责任或准备履约进行碳交易的企业、政府、非政府组织、个人。金融机构进入碳市场后，也担当了中介的角色，包括经纪商、交易所和交易平台、银行、保险公司、对冲基金等一系列金融机构。现在国际倡导降低碳排放量，各个国家有各自的碳排放量，就是允许排放碳的数量，相当于配额。2008 年 2 月，首个碳排放权全球交易平台 BLUENEXT 开始运行，该交易平台还推出了期货市场。其他主要碳交易市场包括英国的英国排放交易体系（UKETS）、澳大利亚的澳大利亚国家信托（NSW）和美国的芝加哥气候交易所（CCX）也都实现了比较快速的扩张，加拿大、新加坡和日本也先后建立了二氧化碳排放权的交易机制。

目前，碳市场的运行机制有两种形式。管理者在总量管制与配额交易制度下，向参与者制定、分配排放配额，通过市场化的交易手段使参与者以尽可能低的成本达到遵约要求。基于项目的交易是通过项目的合作，买方向卖方提供资金支持，获得温室气体减排额度。由于发达国家的企业在本国减排花费的成本很高，而发展中国家平均减排成本低，因此发达国家提供资金、技术及设备帮助发展中国家或经济转型国家的企业减排，产生的减排额度必须卖给帮助者，这些额度还可以在市场上进一步交易。碳交易市场的启动对推进产品结构调整意义重大，将调动企业设计可持续产品，降低碳排放，最终实现可持续产品对传统产品的全面替代。

2.4　可持续产品设计

2.4.1　可持续产品设计定义

迄今为止，企业大多数活动都以现有产品的再设计为中心，但下一阶段将开发新的产品、服务以及系统解决方法，实现可持续产品设计。这是一种崭新的设计实践，其关键是要确保经济需要、环境需要、道德需要和社会需要得到均衡发展。可持续产品设计倡导发展革新性产品与服务概念，以最大限度减少产品在整个生命周期内的环境影响。可持续产品设计是一种立足系统、面向系统的方法，需要形成更广阔的利害关系和伙伴关系，最终目标是实现零排放。

可持续产品设计考虑资源在过去、现在和将来的性质与有效性，以及在各国和各代人之间的分布。它建立在当地自然条件、社会条件、文化条件和经济条件的基础之上。一方面，可持续产品设计立足于当地，本地知识和技能是计划实施的依托；另一方面，可持续产品设计又具有全球取向，其中融入了区域性物理条件和生态条件。因此，可持续产品设计是面向资源、条件和未来的产品开发，其宗旨是满足基本需要、达到更好的生活质量、实现平等和环境和谐。可持续产品设计思想认为，工业化国家的物质投入和流通量必须大幅度降低水平，而且资源的一般化使用方式必须改变。这种改变要摆脱化石燃料和不可再生资源的利用，转向可再生资源（如水能、风能、太阳能等）的可持续利用。可持续产品设计将使社会、需要、技术和自然物理条件等方面融为一体。

2.4.2　可持续产品设计的类型

可持续设计需要兼顾产品的环境表现和经济表现，必须考虑产品开发和使用过程中的所有阶段，最终选择那些在整个生命周期内产生最低环境影响的产品。产品生态设计有多种类型。

2.4.2.1　产品改善

以关心环境和减少污染为出发点，对现行产品进行调整和改善，产品本身和生产技术一般将保持不变。例如，建立轮胎回收系统、改变原材料、改变制冷剂类型、增加防止污染的装置等。

2.4.2.2　产品再设计

产品概念将保持不变，但该产品的组成部分被进一步开发或用其他东西代替。例如，增加无毒材料的使用、增加再循环和可拆卸部件、增加备件和原材料的重复利用、最大限度减少产品生命周期中各个阶段的能耗等。

2.4.2.3 产品概念革新

在保证提供相同功能的前提下，改变产品或服务的设计概念和思想。例如，从纸质图书转向电子图书等。

2.4.2.4 系统革新

随着新型产品和服务的出现，需要改变有关的基础设施和组织。在信息技术基础上的组织、运输和劳动变革，就属于这种革新类型。

2.4.3 可持续产品设计实现途径

可持续产品设计的实现途径主要有以下几种：

（1）低物质化。20 世纪以来，随着工业发展和生活水平的提高，对原材料的使用量大大增加，尤其是不可更新的矿物使用量增加最快。根据世界观察研究所的报道，1970～1991 年，全球工业原料消耗量增加了 38%，农业原料消耗量增加了 40%、林木增加了 44%、金属增加了 26%、非金属原料增加了 39%，而一些不可更新的有机物则增加了 69%。在资源消耗增加的同时，能源消耗也迅速增加，而且能源消耗增长速度快于能源生产增长速度。1973～1993 年全世界能源生产增长了 40%、能源消耗增加了 49%。尽管目前单位产品的物料和能源投入在下降，但从全球来看，对原材料和能源的利用和消耗却大幅度上升。

实现可持续发展，要求显著削减产品的资源与能源用量，推进"低物质化"，即降低工业生产过程中的物料和能源消耗强度。"低物质化"明显有益于改善环境，在工业发达国家已成为产业界的一种发展趋势。例如，计算机的体积和重量越来越小，但计算能力却越来越强。又如，1975～1985 年在不影响汽车功能的前提下，美国的汽车平均重量大约下降了 20%。另外，单位产品和服务的能耗也在不断下降。目前节能技术（如能源的多级高效利用）已引起了能源界的普遍共识，美国能源部的"能源之星"计划就是一个范例。在我国，每单位国内生产总值所消耗的矿物原料比发达国家高 2 ~ 4 倍，也高于印度、巴西等发展中国家，产品的低物质化很有发展的前途。

（2）再循环。未来的产品不再用传统的坚固方式（如螺丝）来装配，而采用更易于拆解的方式，产品部件将尽可能采用同质材料以利于物料的再利用，产品的修理和再循环将大大增加。"为拆卸而设计"（design for disassembling）和"为再循环而设计"（design for recycling），备受人们瞩目。

我国的二次资源利用率较低，只相当于世界先进水平的 1/4 ~ 1/3，大量的废旧产品未得到回收利用。我国每年约有 300 万吨废钢铁、600 万吨废纸未予回收利用，废橡胶回收率为 31%、废纸回收率仅为 15%。到 20 世纪末，我国废旧物资中废钢铁 4150 万 ~ 4300 万吨、废有色金属 100 万 ~ 120 万吨、废旧橡胶 85 万 ~ 92 万吨、废旧玻璃 1040 万吨。这表明我国废旧物资回收再生利用有着巨大潜力。再生行业将成为原材料的重要来源。产品物流的"闭路再循环"可以采取多种途径，例如，新生产工艺中最大限度地利用再循环材料，高效利用原料中所蕴含的能量，最大限度减少"废物"产生，以及重新确定"废物"价值，使其作为其他生产过程的原材料等。

（3）生态标志。对达到一定环境标准的产品授予生态标志，是基于市场的一种绿色产品设计刺激手段。生态标准是在独立机构和中性实体的参与下，按照科学和技术指导原则确定的生态基准。生态标志具有强烈的选择性，只授予同类产品中环境影响最低的那些产品。许多国家推出了自己的生态标志计划，例如，加拿大的"环境选择"、新加坡的"绿色标签"、德国的"蓝色天使"、中国的"绿色食品"等。

其中，1992 年颁布的"欧盟产品生态标志计划"是一个成功的典范，多基准的采用是该计划的一个典型特征。"欧盟生态标志计划"不以单一参数为依据，而是以产品生命周期评价为基础，分析产品在其整个生命周期中各个阶段的环境影响，为产品设立基准。欧盟生态标志在欧盟15个成员国中是通用的，生产者不需在每一个国家中重复申请，不同类别产品的生态标志是统一的，从而避免了众多标识给消费者造成的混淆。

"欧盟产品生态标志计划"是欧盟环境政策中一项重要的面向市场的措施。该计划涉及的产品包括洗衣机、洗碗机、土壤改良剂、卫生纸、炊用纸卷、洗涤剂、灯泡、室内涂料和清漆、床单、T恤、复印纸和电冰箱等。使欧洲消费者更容易选择"绿色"产品，走向可持续消费。

生态标志为消费者区分和评价普通产品与生态产品提供了可信的环境依据，支持环境表现优良的产品的供应与需求，鼓励产业界生产和营销经过认证的、更"绿"的产品，促进了绿色生态产品的设计、制造和消费，从而对生产者间接施加压力，促使其申请生态标志和改变生产方式，以期达到减少环境影响的目的。

（4）宣传教育。技术不能代替所有，绿色产品设计的宣传和教育是不可或缺的。在美国的工科大学中，环境问题讲座与工程设计和制造课程融为一体，学生要选修"设计和制造中的环境考虑"及"可持续发展"等专门课程。绿色产品设计还需要赢得高级管理层的认可和承诺。一些大公司逐步增加对员工和供应商的环境教育。通用汽车公司、福特公司和克莱斯勒公司为全体雇员开办了"为再循环而设计"和"为环境而设计"培训班。设计师们需要更广泛、更深刻地理解环境系统与社会系统之间的相互作用和关系，寻找在产品整个生命周期内降低环境影响的机会。

生态产品离不开消费者群体的支持。"绿色"消费者队伍日益壮大，他们在倡导产品的环境无害设计方面发挥着重要作用。在德国，生态标志得到80%左右家庭的认可。在北欧一些国家，完全不使用农药和化肥的农产品，虽然价格高些，但仍得到了消费者的欢迎和优先选购。

（5）政府行为。为了起到引导和鼓励的作用，政府应该使绿色产品设计行为经济上具有吸引力（盈利性）。可采取的措施有：支持环境革新产品生产和营销、通过优先采购以提高绿色产品的销售额、通过补贴使绿色产品的市场价格下降等。同时，政府要限制非绿色产品的生产行为，可以逐渐扩大产品环境标准（如排放要求）的使用范围。

美国政府已经规定，所有办公室设备都必须达到美国国家环保局规定的标准。美国的《清洁空气法》限制了许多原材料的使用，而德国的《产品闭路循环法》已使制造商越来越多地思考如何将废弃产品再循环和重复使用。政府能够通过大规模的示范计划与活动来促进绿色产品设计的实施和普及，还可以帮助建立全国性和国际性的产品设计研究机构与信息交流网络。

第 3 章

文 献 综 述

目前与本书有关的研究主要包括面向回收的可持续产品设计、面向全生命周期的可持续产品设计、考虑碳排放的低碳可持续产品设计、可持续产品设计的经济分析和实施以及碳排放和碳税，下面我们分别对这几个方面进行文献综述。

3.1　面向回收的可持续产品设计

所谓面向回收的可持续产品设计是指在产品设计阶段就充分考虑产品的回收相关问题，主要包括产品的回收价值、回收处理方法以及回收处理工艺，使产品的零部件和材料等相关资源能得到充分利用，同时在回收过程中实现对环境的损害最小的一种产品设计方法[54]。产品在报废后仍然具有一定的经济价值，例如，电脑、手机等电子产品含有一定的金银等贵金属，合理的回收利用不仅能给企业带来一定的经济效益，还能够降低这些废弃物给环境所带来的污染。然而目前废旧产品的回收再利用率还相对较低，并且都是材料的简单回收，在产品设计时没有考虑产品废弃后的回收问题是形成这一现象的主要原因。因此，如果能在产品设计阶段就充分考虑到回收因素，那么废旧产品的回收率就会大大提高。随着近年来对产品回收再利用的关注度越来越高，很多学者开始在面向回收的可持续产品设计方面展开研究，他们的研究主要是从回收策略分析、回收经济性分析和回收对环境影响等几个方面进行的。

（1）回收策略方面。所谓回收策略是指在进行产品设计时就考虑产品废旧后的回收处理方式，并以此作为选择原材料和生产工艺的依据，为产品废弃的回收处理打下良好的基础。凯瑟琳（Catherine）在这个方面做了很多研究，他建立了充分考虑产品使用寿命、设计与技术周期、材料和零件数量、功能等相关参数的回收策略模型，研究了如何提高产品的可回收性[55-56]。钱恩德拉（Chandr）指出回收工艺信息对可持续产品设计的重要性，并且以此为基础研发了考虑产品设计的产品回收决策软件[57]。刘志峰等主要研究了家电产品的回收设计问题，包括家电产品的回收方法和回收流程，提出了适合家电产品的回收策略[58]。在此基础上，索迪（Sodhi）对电子产品回收策略的经济效益和环境效益进行了分析，建立了电子产品的回收分析模型，得出最优的电子产品回收策略[59]。于叶等在考虑回收经济性、材料再利用以及回收对环境影响的基础上，建立了由材料分类系统、破碎系统和回收工艺规划系统三个子系统组成的回收决策模型[60]。王淑旺等建立了产品回收设计模型，该模型利用了回收元的思想，通过对回收元和其接口的设计实现产品回收设计过程[61]。

（2）回收经济性方面。陈（Chen）等构建了一个回收经济效益的分析模型，该模型可以对产品可回收性进行评估[62]。约翰逊（Johnson）和克卢尔

（Coluter）在研究产品回收的经济性的同时分析了材料回收的经济性[63-64]。艾森莱希（Eisenreich）等研究了如何把废旧产品中的金属和塑料进行分离，构建了一个能够分析回收率的经济模型，该模型能够计算出在不同情况下产品的最优回收率[65]。奈特（Knight）研究分析了如何对废旧材料进行分离，找到了使回收率最大的分离模型[66]。索迪（Sodih）分别考虑了对于废弃物生产者、废弃物回收处理者来讲，如何设定回收率能使其获得最大收益[67]。

（3）回收对环境的影响方面。艾美尼特（Amezgnita）研究了产品报废后的回收处理过程可能给环境带来的影响[68]。普恩（Poon）研究了铅回收对环境的影响，研究发现铅回收具有较高的环境效益，但是铅回收所投入的大经济成本大于给企业带来的效益，所以在铅回收方面需要政府给予一定补贴[69]。宋（Song）研究了废旧家电回收给环境带来的影响以及经济效益[70]。

3.2　面向全生命周期的可持续产品设计

所谓面向生命周期的可持续产品设计（life cycle assessment，LCA）是指在产品设计阶段就充分考虑从生产制造、消费以及回收再利用整个生命周期的全过程，尽量降低产品在整个生命周期对环境的影响，实现可持续发展的产品设计方法。图3-1表示产品生命周期结构图以及各生命周期与环境的关系。

从图2-1中可以看出产品的生命周期分为原材料采购、产品制造、产品分销、产品使用以及产品生命周期终结后的产品回收五个阶段，所以可以从这五个阶段出发来降低产品对环境的污染，分别找出五个阶段降低产品对环境影响的措施，表3-1表示在产品整个生命周期内降低产品对环境影响的关键措施。

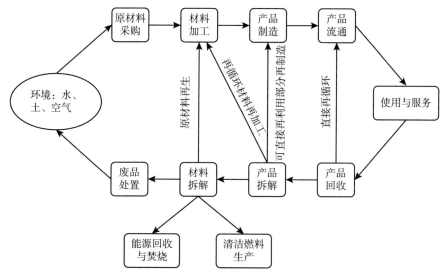

图 3-1 产品生命周期以及与环境关系

资料来源：结合已有文献整理而得。

表 3-1　　　　　产品各生命周期降低产品对环境影响的关键措施

生命周期各阶段	关键措施
原材料采购	降低原材料的使用量
	使用对环境污染更小的原材料
产品制造	降低资源使用量
	使用对环境污染更小的生产工艺
	优化制造流程
产品分销	使用对环境污染小的运输工具
	尽量使用整车运输
	优化运输路线
产品使用	降低产品在使用过程中的资源消耗量
	尽量使用对环境污染小的能源
	优化产品功能与服务周期
生命周期终结	使产品再使用和再循环更容易
	降低产品报废处置对环境的影响

近年来社会、政府和公众对环境关注度的逐步上升，以及相关法律法规的相继出台都促使企业在产品设计阶段就开始考虑环境因素，正是在这种背景下，面向全生命周期的可持续产品设计作为一种新的可持续产品设计方法应运而生。LCA 是在产品设计中考虑环境因素的有效方法，它在产品的整个生命周期内，系统地考虑产品的设计性能、环保、健康、安全和可持续性等目标[71-72]。奈特（Knight）认为可持续产品设计需要考虑从原材料采购到产品生命周期结束的全过程[73]。在此基础上，乔伊（Choi）指出 LCA 包括五个策略，分别是最优化地使用原材料、清洁生产、有效分销、清洁使用/操作和生命结束的优化[74]。格林迈尔（Gremyr）指出在原材料选择阶段 LCA 要求要基于其环境效益和性能来选择原材料，并且这些原材料当其生命周期结束时能够适当地进行回收或再制造。在制造过程中，每个工序设计都要有利于提高其可持续性，例如，使原材料浪费最小化和机器利用率最优化。在分销产成品方面要能够最大限度地提高运输效率。在产品使用阶段必须考虑使用者和使用条件的变化，以确保能够有效控制废弃物并使其最小化。在产品生命周期结束后的阶段，要通过回收、再利用和再制造等方法来优化其处置[75]。阿里纳（Arena）等构建了环境方面的一套指标体系，制定了一个简单的 LCA 框架，这个 LCA 框架可以衡量环境对车辆设计产生的影响[76]。沙玛（Sharma）应用 LCA 方法分析了环境对自行车设计的影响，结果显示，让设计者了解环境设计水平有助于提升产品的可持续性[77]。卢（Lu）等使用一个 0~5 分的 LCA 评分系统来评估分析环境对镀膜机主要零部件的影响，但是这个系统仅提供 LCA 的粗略信息，却无法分析环境对哪一部分零部件的影响较强，而对哪一部分零部件的影响较弱的原因[78]。维盖塞（Verghese）通过使用生命周期清单（life cycle inventory，LCI）数据构建了一个基于 LCA 的在线包装设计工具[79]。由于中小企业缺乏人力资源和资金，因此姜（Chiang）等为了降低 LCA 在执行过程中的成本，构建了一个基于 ISO 14048 的服务平台，这个平台能够提供标准电子元件的 LCI 数据[80]。

3.3 考虑碳排放的可持续产品设计

3.3.1 碳排放

碳排放可以从个人/家庭碳排放、产品碳排放、组织碳排放、城市/国家碳排放几个尺度来进行研究[81]。所谓个人/家庭碳排放是指在一定时间内个人或家庭在日常生活中,包括衣、食、住、行各部分,所产生的碳排放总量。产品碳排放是指产品从原材料采购、产品生产制造、分销以及回收再处理整个生命周期内的碳排放总量。组织碳排放是指组织或机构在一定时间内所有生产经营活动所产生的碳排放总量。城市/国家碳排放是指在一定时间内整个城市或国家各项活动所产生的直接碳排放和间接碳排放总和。

个人/家庭碳排放方面,韦伯(Weber)研究了美国家庭的碳排放,研究发现2004年美国家庭在美国国外产生的碳排放占家庭总碳排放的30%以上,同时还发现不同家庭的碳排放存在很大差异,其中家庭收入水平是影响家庭碳排放的重要因素[82]。道客曼(Dmckman)对比分析了英国家庭2004年的碳排放量与1990年的碳排放量,发现2004年的碳排放量比1990年增加了15%左右,并对比了不同社会阶层的碳排量,发现不同社会阶层的家庭碳排放量存在很大差异,其中碳排放量最少的家庭比碳排放量最多的家庭的碳排放量少64%[83]。陈佳琪等应用1978~2007年的家庭数据,分析了家庭结构变化,包括家庭人口数量、总家庭数、家庭消费水平等对碳排放的影响[84]。庄幸等研究了河北省石家庄市1500户家庭的碳排放,分析了城市家庭在不同收入水平下的碳排放,同时分析得出影响家庭碳排放的主要因素,并提出了降低家庭碳排放的相关建议,例如,可以通过使用集中供暖方式来降低生活碳排放、通过优化公共交通设施来降低出行碳排放[85]。

产品生命周期评价方法是最常用的产品碳排放的评价标准，国际标准化组织（ISO）在 1996 年颁布了关于产品碳排放的 ISO 14040/44 系列标准，在此基础上，英国、日本、韩国和德国也都颁布了相应的产品碳排放标准，例如，英国 2008 年颁布的 PAS2050、日本 2009 年颁布的 TSQ0010。学术方面，加米奇（Gamage）使用产品生命周期方法计算了来自新西兰的一家公司两种办公室座椅的碳排放，并对这两种产品的碳排放进行了比较分析，研究发现其中以铝作为部分原材料的产品的碳排放相对较高，这主要是因为铝这种原材料的初始碳排放相对较高，同时还发现，如果在新产品制造中使用回收的废旧座椅中的铝能有效降低碳排放，可见回收再制造在一定程度可以降低碳排放[86]。伊里伯伦（Iribarren）等使用 PAS 2050 规则计算了一种普通的罐头食品的碳排放，研究结果发现，改进产品的包装方法和优化管理过程是降低该种产品碳排放的有效手段[87]。约翰逊（Johnson）等、罗德里格斯（Rodriguez）等、马玉莲等和刘玮等也分别计算了不同产品的碳排放，找出降低产品碳排放的方法与途径[88-91]。

目前也有很多学者以企业和学校为研究对象对组织碳排放进行了大量研究，企业也越来越重视自己的碳排放情况，几所研究机构受新西兰最大的乳品企业恒天然的委托，测算其企业碳排放[92]。张婷计算了三峡大学不同功能区的碳排放，研究发现居住区的碳排放最大，其次是教学行政区，公共活动区最小，并根据这个研究结果提出了降低校园碳排放的建议[93]。刘韵采用生命周期方法，计算了山西省吕梁市某燃料电厂的碳排放，研究发现可以从锅炉燃料和煤炭开采方面来降低碳排放[94]。

通常情况下国家是国际气候谈判的基本单位，因此各国政府都越来越重视国家碳排放。城市又是国家的基础，城市碳排放也逐步受到关注。国家碳排放方面，荷威奇（Hertwich）分析了国家碳排放的基本特征[95]。舒尔兹（Schulz）研究了新加坡城市型国家的直接碳排放和间接碳排放[96]。赫尔曼

（Herrman）等对比分析了发达国家的碳排放和新兴工业国家的碳排放，研究结果表明，工业中心逐步从发达国家向发展中国家转移能够有效降低碳排放[97]。刘强等、朱江玲等和孙建卫从不同角度系统地分析了我国碳排放的基本情况，并指出我国要走可持续发展的道路必须进行节能减排[98-100]。城市碳排放方面，拉斯里（Larseii）等对比分析研究了挪威 429 个城市的碳排放，研究发现碳排放受城市大小和财富多少的影响，其中：人均碳排放与城市大小负相关（即城市越大，人均碳排放越少；城市越小，人均碳排放越多）；人均碳排放与财富的多少正相关（即财富越多，人均碳排放越多；财富越少，人均碳排放越少）[101]。萨米（Shammin）等研究了美国大城市的碳排放分布规律，发现大都市的能源利用效率比非都市高，不同都市之间的单位 GDP 所产生的碳排放存在较大差异，这主要是由都市的发展模式和交通方式所导致的，可见都市的发展模式和交通方式是影响城市碳排放的主要因素[102]。索沃科尔（Sovacool）等计算分析了我国北京、上海、广州等 12 个大城市的碳排放情况，同时根据各城市的具体情况为其降低碳排放、实现可持续发展提供建议[103]。

随着政府、企业和社会对全球气候变暖问题的关注日益增强，越来越多的研究开始逐步关注如何降低碳排放。目前对降低碳排放方面的研究主要集中在两个方面。一方面主要从技术和管理角度出发研究如何降低碳排放，例如，改进生产工艺、使用节能的运输工具、使用节能仓储设施、优化业务流程，改善供应链结构都能够在一定程度上降低碳排放。桑德斯（Saunders）对比分析了远距离运输造成的碳排放与生产造成的碳排放，结论表明，在英国本土饲养的绵羊所产生的碳排放比在新西兰饲养的绵羊运到英国要多[104]。玛雅（Maja）计算了英国公路货运的碳排放量，结果表明供应链各环节（包括采购、制造、分销和回收）的选址和数量，以及所选址的运输车辆以及运输路线对碳排放有重要影响，合理规划供应链以及选择合适的车辆类型和运输路线能有效降低碳排放。同时该研究还预测了 2020 年英国公路运输的碳排放量[105]。哈里斯（Harris）认为优化配送效率，调整送货频率在某种程度上可以达到降低碳排放的效果。但事实上，对于调整送货频率还存在一定争议，以前被管理学界所推崇的准时生产制和精益生产要求频繁的送货，这就需要小批量、多品种生产运作，多区域仓库，供应商的快速反应也需要供应商在靠近客户的不同的地点设立二级库存，而这种情况并不利于碳排放的降低[106]。豪塞尔（Hauser）认为再制造过程所消耗的能量仅是新产品制造过程的15%左右，因此再制造能够有效地降低碳排放[107]。哈罗德（Harold）受豪塞尔（Hauser）的启发，通过案例分析的方法对产品的回收再处理方式和运输路线进行研究，结果发现回收再制造比优化运输路线能够更多的降低碳排放，并且不同的回收再处理方式降低碳排放的效果也有所不同[108]。另外，陈晓红[109]、齐倩[110]、张令荣[111]、胡陪[112]、恰巴内（Chaabane）等[113]都从不同角度研究了降低碳排放的方法。

另一方面关于降低碳排放的研究主要集中在外部环境政策对降低碳排放的影响上。赵玉民[114]、黄志成[115]、达斯古普塔（Dasgupta）[116-117]都指出外部环境政策是降低碳排放的有效方法之一。

目前常用的降低碳排放的外部环境政策主要有三种：第一种是命令控制规制、第二种是碳排放税、第三种碳交易机制。命令控制规制一般是指由政府主导，通过行政强行干预，对国家和各个参与实体设置总排放量等强制性的方式来达到降低碳排放的目的的手段。命令式控制规制对不同的企业实体设置了固定的碳排放限额，而这些限额无法在不同的实体间共享，从而使高效的减排方式无法得到最有效的利用，最终导致低效率的减排效果[118]。在这样外部环境政策下，企业只能采取高成本的生产方式来进行生产，并通过提高产品价格的方式把这些成本转移给最终消费者，社会福利水平因此而下降[119]。命令式的控制方式由于过于僵化、缺少灵活性、没有效率而广受诟病[120]。很多学者都呼吁通过使用市场化的手段（碳税和碳交易）来代替传统命令式的控制方式来解决降低碳排放的问题[121]。我国国务院发展研究中心课题组从减排指标的设定和分配、减排目标的实现方式和考核等多方面进行分析，指出我国碳排放的减排机制的设计方向也应该从命令控制方式向市场化手段转化，但具体采用哪种市场化规制仍然存在较大争议。一部分学者建议使用碳税，另一部分学者建议使用碳交易机制[122]。

碳税主要通过征税的方式，强行给碳排放实体增加碳排放成本，主要目标是通过提高现有产品的生产成本来控制碳排放。部分学者支持碳税而不是碳交易机制[123-124]。贝蒂娜（Bettina）研究了欧盟碳交易机制对降低碳排放的影响，研究发现碳交易机制并不是降低碳排放的最有效方法，并指出碳交易机制在降低碳排放的总量、公共收益、定价机制、减排的边际成本等几个方面与征收碳税存在一定的不同。当衡量外部环境政策对减排量影响时发现国际性的碳排放税是在全球范围内降低碳排放的一个快速又有效的方法[125]。

另一些学者支持使用碳交易机制来降低碳排放，与碳税不同，碳交易机制可以通过运作投资成本和单位产品的碳排放量来影响碳排放成本，给企业的资源配置创造更多的灵活性。大卫（David）研究了需求不确定的情况下碳税和碳交易机制对公司技术选择和生产决策的影响，研究结果表明在碳交易机制下企业的利润大于在碳税情况下的利润[126]。珍妮特（Janet）指出碳排放政策所造成的损失可以通过设计合理的政策而减少，设计一个合理的碳交易市场能够有效地降低碳排放[127]。布兰扎尼（Baranzini）研究指出如果碳税收入没有被循环（碳税收入用于减少所得税或返还给企业补贴技术创新），碳税会比碳交易体系增加更多的企业成本，这将会降低公众对碳税的接受度[128]。在我国，刘娜通过研究发现，碳交易政策可以适用于我国国情，从而实现资源配置的效率和使用效率，达到降低碳排放的目的[129]。计国君通过构建模型和数值分析的方法研究发现，要通过碳交易机制来有效降低碳排放是有条件的，只有当碳交易成本在企业运作管理成本所占的比例达到一定阈值以后，才能通过碳交易机制的方法来有效调节碳排放[130]。

3.3.2 碳税

国际上对碳税的相关问题的研究开始于 20 世纪 80 年代末和 90 年代初期，是伴随气候变化问题所产生的一个崭新课题。皮尔斯（Pearce）在分析碳税对经济的影响时发现碳税是存在"双重红利"的[131]。"双重红利"的具体含义包括：第一重红利是指碳税的环境效益，即可以通过征收碳税来降低碳排放，缓解全球变暖的趋势，改善环境质量；第二重红利是指碳税的非环境效益，即政府所征收的碳税可以增加财政收入，这部分收入可以起到改善政府的财政收入结构，降低其他税收的税率，增加就业和投资或者使经济运行更加有效率的作用。随着对碳税的"双重红利"理论研究的不断深入，发现"双重红利"并不一定同时存在，它们的存在是需要一定条件的[132]。如果碳税的"双重红利"的收入循环效应大于税收的交互效应，此时才存在碳税的第二重红利，即存在碳税的非环境效益。如果碳税的"双重红利"的收入循环效应小于税收的交互效应，此时碳税的第二重红利不存在，即碳税的非环境效益无法实现。

目前学术界对碳税的研究主要体现在两个方面：一方面是主要分析碳税的减排效果；另一方面主要是关于碳税对经济运行的影响。

在碳税的减排效果方面，诺德豪斯（Nordhaus）、曼尼（Manne）和里奇尔斯（Richels）、惠利（Whalley）和维格勒（Wigle）计算了碳税对碳排放影响，研究发现，虽然他们设置了不同的碳税税率，但是结果显示碳税对降低碳排放有显著影响[133-135]。中田英寿（Nakata）通过研究发现碳税和能源税都能够起到降低碳排放的作用，但是与能源税相比，碳税更能促进能源消费的转换[136]。维沙姆（Wissema）研究了碳税对爱尔兰碳排放的影响，研究结果发现，征收碳税比只征收能源税能够降低更多的碳排放[137]。格拉夫斯特伦（Grafstrom）分析了碳税对瑞典碳排放的影响，研究发现，每增加 1% 的税收能使碳排放降低 0.128%[138]。杰尼斯（Jense）分析了能源价格与能源消费之间的关系，研究表明，1993~1997 年碳税制度改革使丹麦的能源消费降低了 10%，同时也使丹麦的碳排放量下降。上述研究都认为碳税能够有效地降低碳排放，碳税是降低碳排放的重要方法之一[139]。但是也有研究认为碳税对降低碳排放的作用十分有限，波林（Bohlin）认为碳税使瑞典的碳排放减少了 50 万~150 万吨，但是对各行业的影响效果差别较大，其中对交通运输业的碳排放降低影响比较明显，而对工业部门的石油与天然气消费所产生的碳排放几乎没有影响，这主要是因为较低的碳税税率并没有降低工业部门石油和天然气的消费量，可见要使碳税能够起到有效降低碳排放的作用，碳税税率是一个十分关键的因素，它直接影响碳税的实施效果[140]。布吕沃尔（Bruvoll）研究了挪威 1990~2000 年的碳排放量，研究发现 1990~2000 年挪威的碳排放强度明显降低，碳排放强度的降低和能源结构改变使挪威的碳排放量降低了 14% 左右，但其中仅有 2% 是由实施碳税引起的，所以这两个学者得出碳税对碳排放降低的作用十分有限的结论[141]。另外，盖拉尔多（Gerlagh）认为如果碳税不能够激励企业发展低碳技术，则碳税对碳排放降低的作用很小[142]。

碳税对经济运行的影响方面，赖安（Ryan）以智利的高能耗经济部分作为研究对象，使用 CGE 模型分析了对碳排放征收碳税和禁止碳排放两种环境政策对经济运行的影响，研究发现征收碳排放税比禁止碳排放对经济的影响小[143]。蒂耶齐（Tiezzi）通过研究发现碳税能改变意大利居民的生活习惯，随着碳税税率的逐步提高，能够逐步减少资源浪费，同时也能够降低一些不必要的交通方面的支出[144]。梁（Liang）等应用 GCE 模型估计了不同情景下的碳税政策对中国经济的影响，发现在没有税收减免和税收收入再分配时，碳税政策对 GDP 和能源密集型企业有较大的负面影响；当对能源密集型工业采取碳税减免和收入再分配时，尽管有双重红利的存在，但是也会削弱减排效果[145]。乌里亚马（Uchiyama）指出碳税征收有两种模式，分别为污染者付费模式和使用者付费模式，同时该研究也分析了两种碳税征收模式对宏观经济的影响，研究发现不管使用哪种碳税征收模式，征收碳税都会降低地区的生产总值，同时还发现使用者付费的碳税征收模式比污染者付费的碳税征收模式更能起到抑制消费的作用[146]。

我国关于碳税的研究只有十多年的历史，研究起步相对较晚。一些学者主要关注我国碳税政策开征过程中的相关问题，例如，如何确定征收对象、碳税税率如何设定、税收减免条款等。王金南和曹东详细论述了碳税政策，给出了政策建议，并提出了一些值得继续研究的问题[147]。周剑和何建坤研究了北欧 5 个国家的碳税税率、征收对象、免税条款以及碳税的减排效果，分析得出北欧 5 个国家碳税实施的经验，为中国碳税政策提供参考[148]。姜克隽分析了国外环境税和碳税的实施历程，并比较了碳税的实施效果[149]。苏明对中国开始征收碳税的相关问题进行研究，提出碳税实施步骤与方法，并且对碳税实施的效果进行预测和评价[150]。曹静对比了碳交易机制和碳税的优缺点，通过分析得出碳税政策更适合我国国情的结论，并讨论了碳税设计中的税基、税率设定、税收减免，以及税收如何使用等相关问题[151]。

我国的另一些学者对碳税的关注主要集中在两个方面，一方面是碳税对降低碳排放的作用，另一方面主要是关于碳税的经济运行的影响。在碳税对我国降低碳排放的作用方面，魏涛远分析了开征碳税对我国降低碳排放的作用以及对我国经济运行的影响，研究表明碳税在降低碳排放量方面有显著作用，但是开征碳税会导致企业在短期内生产成本上升，对经济产生不利影响[152]。陈文颖和高鹏飞研究了 50 美元/吨和 100 美元/吨两种碳税税率的减排效果，研究发现当采用 50 美元/吨的碳税税率时可以使 2050 年的碳排放比 2030 年降低 30%，当采用 100 美元/吨的碳税税率时可以使 2050 年的碳排放比 2030 年降低 33.4%，这仅比采用 50 美元/吨的碳税税率的减排效果增加 3.4%，可见碳税税率并不是越高减排效果越明显，政府要根据实际情况设定一个较为恰当的碳税税率[153]。在此基础上，周晟吕等也研究了 30 元/吨、60

元/吨、90 元/吨三种碳税税率在降低我国碳排放方面的作用，结果发现采用
90 元/吨的碳税税率的减排效果最好，但是即使采用 90 元/吨的碳税税率也
无法实现 2020 年比 2005 年碳排放降低 40% 的目标。这主要是因为，在我国
能源需求属于刚性需求，企业可以通过提高产品价格的方式使碳税成本向供
应链下游转移，因此碳税并没有起到应有的减排作用[154]。在开征碳税对我
国经济运行的影响方面，李娜研究了碳税政策对中国区域经济的影响差异，
认为如果实施差别的碳税税率，将有利于缩小区域经济的差异[155]。刘洁和
李文定量的分析了征收碳税对中国经济的影响，研究表明开征碳税具有明显
的节能减排作用，能有效的调整要素间的收入分配[156]。徐逢桂研究了碳税
政策对我国台湾地区各行业的影响，碳税能使我国台湾地区农林牧渔业的
GDP 增速降低 1.04%，同时研究还发现使用税收收入返还能在一定程度上抵
消征收碳税所带来的负面影响[157]。我国其他学者，例如，朱永彬等、曾诗
鸿等、张健等、杨超、陈斌，刘传哲、程发新等，也分别从不同角度研究了
我国开征碳税对我国降低碳排放和我国经济运行方面的影响[158－164]。

　　同时，另一些学者指出如果碳税政策配合相应的税收减免政策会取得更
好的效果。布兰扎尼（Baranzini）指出实施碳税减免政策的主要原因是考虑
到碳税对制造业等行业竞争力的影响，如果实行统一的碳税税率，会损害能
源密集型企业的竞争力[165]。李（Lee）使用实证研究的方法，研究发现碳税
对石油化工产业的上游产业影响比下游产业大，所以针对不同行业应该实行
相应的税收减免方案[166]。约翰逊（Johansson）认为如果实施碳税制度的同
时配套相应的减税政策会产生明显的减排效果，同时能够降低碳税政策的实
施难度，并降低碳税对国家经济运行的影响[167]。另外，还建议碳税最好在
全球范围实行，如果仅应用于部分国家，这会降低减排效果。克劳斯
（Krause）通过研究美国的碳税政策发现，征收碳税的同时实施碳税减免政策
减排效果是单独征收碳税的两倍，并且这样的组合政策能够降低征收碳税对
经济的负面影响[168－169]。中田英寿（Nakata）等的研究发现，如果对家居领

域征收碳税,采用碳税和退税相结合的政策比单一的碳税政策更能鼓励居民选择高效节能家用电器[170]。

3.3.3 考虑碳排放的可持续产品设计

21世纪以来,人类生存环境的逐步恶化给可持续产品设计带来一定挑战,国际能量机构在2007年的报告中指出,36%的碳排放来自制造环节。另外,随着近年来国际社会对碳排放的关注度不断提高、限制碳排放的法律法规和碳税政策的相继出台,这些都给企业的可持续产品设计带来一定挑战。对企业而言,当政府设定碳排放约束或收取碳税,企业的生产成本将会上升,产品价格上升,使企业丧失一部分价格敏感的消费者,企业利润下降。如果企业想保持原有的利润水平,就需要企业通过降低产品生产成本或者提升产品性能来吸引消费者。如果企业不控制碳排放,使用不正当手段获利,一旦企业的碳排放超过政府的碳排放限额,企业就会受到相应的惩罚,所以企业在新的外部环境下应重新设计产品,使其成本更低、性能更高、碳排放更少。低碳产品设计受到学术界和工业界的一致关注。

传统产品设计是从满足市场上消费者的需求出发的,但是忽略了社会大众对于降低碳排放的需求。蒋(Chiang)认为在当前的形势下,企业的产品设计应从仅考虑成本和产品性能转化为综合协调经济、社会和环境三个方面[171]。宋(Song)和李(Lee)构建了一个低碳产品设计系统,该系统集成了所有零部件的排放清单,可以通过识别和更换部分零部件来降低碳排放,并通过案例研究证明了该系统的有效性和适用性[172]。德万纳坦(Devanathan)提出了一个考虑环境因素的半定量的可持续设计方法,该方法把生命周期评估方法和可视化工具融合在一起,构建了生产函数与环境因素之间的矩阵,使用该方法设计的办公订书机比原有设计的碳排放降低了20%[173]。齐(Qi)和吴(Wu)根据模块化的设计规则提出了一种低碳产品动态设计工艺模型[174]。徐（Xu）构建了一个同时满足企业、政府和消费者的多目标的低碳产品设计模型，该方法成功地构建了分别满足企业、政府和消费者子需求的三边需求模型，但是这种满足三层次需求的多目标规划问题求解困难，因此该研究提出了使用非支配排序遗传算法 II 来求解该问题，最后通过案例证明该方法是有效的[175]。

另外，还有一些学者专注于研究低碳产品设计优化，朱（Chu）等提出了一个基于 CAD 的可持续产品设计方法，在这个方法中作者使用遗传算法来计算组装和拆卸成本[176]。苏（Su）等构建了一个能够帮助企业估算产品碳排放和生产成本的决策支持系统，在这个决策模型中使用了双层次的优化过程，其中顶层使用基于遗传算法的演化而来的方法去优化产品的组装结构与组装顺序，底层使用动态规划的方法来优化供应链结构[177]。郭（Kuo）提出了一个能够降低资源碳排放和提高数据准确性的协同可持续产品设计框架[178]。李（Li）使用加权灰色关联分析和应用响应面分析法分析了金属切割操作过程中的环境问题[179]。弗拉米尼（Fahimnia）等构建了一个分析闭环供应链中碳排放问题的优化模型，这是第一次分析碳排放对正向供应链和逆向供应链影响的研究[180]。科特（Kuoet）等提出了同时考虑碳排放和产品生产成本的多目标规划的低碳产品设计模型，但是总体来看关于低碳产品设计优化的研究还是相对较少[181]。

综上所述，近年来学者关于上述几个方面作出了突出贡献，尤其是在低碳产品设计和碳排放方面。产品设计是产品的灵魂，碳排放是低碳产品设计与制造的基础，碳排放与低碳产品设计这两个方面是相辅相成的，是展开相关研究的关键点。已有的研究已经取得了一定的成就，并为产品设计优化打下了坚实的基础。优化的目的是改善产品设计，系统优化设计属于整体优化而非局部优化，而耦合系统优化还需要处理各子系统之间的耦合关系与矛盾。低碳产品设计优化通常把碳排放和产品生产成本作为优化目标，使用多目标规划、遗传算法和动态规划来求解优化问题，但总体来说关于低碳产品设计的研究还是相对较少。

3.4　可持续产品设计的经济分析与实施

可持续产品设计的经济性分析方面，考尔科特（Calcott）主要分析了不同的外部环境政策对可持续产品设计的影响[182]。陈（Chen）在设计权衡的框架体制下，分析了不同战略角度和不同外部环境政策下的可持续产品设计决策。在需求方面采用联合分析框架来构建普通和绿色客户的喜好，在供应方面使用最佳产品设计和市场细分的理论来分析两类产品的产量、价格以及质量等生产决策，在政策方面分析了外部环境标准对可持续产品设计的经济性和环境性的影响，最后得出可持续产品设计和严格的外部环境标准不一定对环境有利的结论[183]。富尔顿（Fullerton）通过设置技术参数引入了产品的可回收性，并分析了不同外部环境政策对一般均衡模型的影响[184]。阿塔苏（Atasu）等通过对消费者对新产品和再制造产品的不同偏好构建了消费者对环境的非均反映模型[185]。阿塔苏（Atasu）和苏扎（Souza）研究了产品回收对可持续产品设计质量的影响[186]。

可持续产品设计在实践如何实施中提供指导方面，汉德菲尔德（Handfield）等提出了一个产品可持续设计实施过程中的详细的理论框架，这个理论框架把可持续产品的设计的实施过程与环境目标、设计过程和结果评估紧密地联系在一起[187]。努里（Noori）通过使用情景规划方法，提出了突破产品环境属性的方法[188]。普里杰特（Pujariet）通过分析找到了在新产品开发中引入可持续因素的关键点[189]。雷费尔德（Rehfeld）经验地研究了可持续组织与可持续产品开发之间的关系[190]。当杰利科（Dangelico）提出了一个概念模型来描述可持续产品开发中的单个关键环境维度[191]。菲克斯（Fiksel）使用案例分析的方法，研究了产品在其生命周期内实施可持续产品设计的步骤[192]。格雷德尔（Graedel）通过使用生态工业学原理和案例分析的方法，找出一些实际接近可持续设计决策方法[193]。陈（Chen）提出了一种新的利用两级的网络数据包络分析方法（DEA）来评估可持续产品的设计性能，实验结果表明，可持续的设计并不一定需要在传统和环境属性之间作出妥协，在一定条件下，产品的可持续设计能实现经济和环境的同时最优[194]。

实现产品的可持续设计还离不开政府的积极引导和宣传教育。政府的积极引导是促进可持续产品设计的重要途径，为了能够更好到引导和激励可持续产品设计，政府应该积极推行有利于可持续产品设计的相关政策，例如，政府增加对可持续产品的宣传力度、增加公众对可持续产品的认可度。可以通过对可持续产品进行补贴的方法降低可持续产品的生产成本，降低可持续产品的市场价格，鼓励企业进行工艺改进。同时，政府还可以通过强制手段限制一些非可持续产品的生产与销售，还可以对产品的生产增加一些环境标准，例如，碳排放标准等。政府可以通过开展大规模的示范计划与活动来促进可持续产品设计的实施与普及，同时政府还可以建立相应的可持续产品设计机构，并为他们提供信息交流的网络。

针对可持续产品设计而进行的宣传和教育有利于促进可持续产品设计的发展，提高人们可持续意识。目前可持续产品设计还处于发展的初级阶段，缺少理论框架，设计师们也缺少相应的培训、信息与工具。在美国大学中，可持续相关课程已经十分普及，学生们需要选修与可持续发展相关的专门课程。同时，可持续产品设计要想能够顺利开展，还需要得到企业高层的认可，因此对企业高层领导者开展可持续产品设计方面的相关培训也是不容或缺的。一些大公司越来越重视员工和供应商的可持续方面的教育。因此可持续产品设计者要深刻了解企业产品与环境之间的关系，详细分析产品整个生命周期内各个阶段对环境的影响，找出能够降低产品对环境影响的突破点。另外，消费者的支持是可持续产品发展的动力，因此政府也要加强对消费者可持续方面的教育，使消费者更深刻地了解可持续产品的优点，增加消费者对可持续产品消费。根据相关调查，德国80%以上的家庭认可可持续标志，欧洲一些国家即使完全不使用农药和化肥的农产品的价格会比普通产品高一些，但是仍然受到消费者的欢迎。

3.5 研究述评

我们通过对相关文献进行整理发现，已有的研究主要集中在面向回收的可持续产品设计、面向生命周期的可持续产品设计、考虑碳排放因素的可持续产品设计、可持续产品设计经济性分析与实施以及碳排放与碳税等几个主要方面，尽管这些研究不是考虑碳排放下的可持续产品设计的全部内容，但是却为我们研究碳排放约束下可持续产品设计奠定了重要的理论基础。同时通过对以往研究进行分析和比较后发现以往的研究并不能解决以下问题：

（1）传统的产品设计理论不能解决碳排放约束下的可持续产品设计问题，在低碳环境下，碳排放对于企业来讲既是一种成本也是一种资源，碳排放较少的企业相对于其他企业不仅有成本上的优势，还能获得更多的销售机会。在碳排放约束下企业的成本结构、生产成本和利润函数都会受碳排放的影响。因此企业原材料采购、产品设计、制造、运输，以及回收再利用过程都要考虑到碳排放约束的影响。降低碳排放一方面会导致企业生产成本上升，另一方面降低碳排放能够帮助企业树立良好的品牌形象，给企业带来额外收益。上述的这些变化都会使碳排放约束下企业的产品设计更加复杂，给企业在市场竞争中既带来机会也带来一定的挑战。

（2）以往虽然已经有很多学者研究了碳排放，但是这些研究主要关注碳排放的测量以及降低碳排放的方法。碳排放是指产品在其整个生命周期内所产生的碳排放总量，供应链上下游各企业的行为都会影响产品的碳排放，进而影响产品价格，因此可持续产品设计需要供应链上下游企业的共同合作。

（3）可持续产品设计虽然把可持续因素融入产品设计中，但是大多数是通过可持续包装、可持续制造、可持续生产以及回收再利用等手段来降低产品对环境的污染。而碳排放约束下的可持续产品设计要充分考虑到产品在原材料采购、产品生产制造、产品分销以及废旧产品回收再制造等各环节所产生的二氧化碳排放量，把产品在各环节的碳排放因素融入企业可持续产品设计决策中。

（4）在研究影响消费者行为的因素方面，以往的学者认为主要有内部和外部两种因素会影响消费者的行为，其中内部因素包括消费者的个人习惯、价值和态度等，外部因素包括激励政策、制度和法律的约束和促销等，但是并没有研究这些因素对企业产品设计的影响。近年来，随着消费者环保意识的逐步提高，产品碳排放会影响消费者对产品价值的判断，产品的碳排放量越低，消费者就愿意为产品支付更高的价格。另外，碳标签制度能使消费者清晰地了解产品碳排放信息，解决产品生产企业和消费者之间关于碳排放信息不对称的问题。因此，在可持续产品设计中决策考虑碳排放对消费者的购买行为的影响具有十分重要的意义。

第4章

供应商参与下的可持续产品设计

4.1 引　　言

随着低碳经济的逐步发展，消费者的低碳意识越来越强，客户价值将受到产品的碳排放量的影响。越来越多的企业为了增加碳排放的透明度，帮助消费者了解产品的碳排放信息，开始在产品上使用碳标签。所以在低碳意识的影响下，消费者愿意为低碳产品支付更高的价格，同时碳税的逐步开征，也给企业带来了一定的减排压力。基于以上两个方面的共同作用，越来越多的企业开始关注产品的减排工作，定期公布阶段性的减排成果，并制定下一阶段的减排目标。综上所述，企业的减排工作越来越重要，是企业面临的重大问题之一。

供应商所提供的半成品是企业最终产品的重要组成部分，半成品的碳排放量直接影响最终产品的碳排放情况，影响产品的最终价格，因此供应商是否减排，以及如何减排直接影响制造商的减排决策，同时制造商的减排决策也会影响供应商的减排行为，因此本章在制造商减排的基础上分别分析供应商参与减排和供应商不参与减排两种情况下制造商与供应商的最优决策。

与本章相关的研究主要体现在可持续产品设计方面以及供应商参与对产品设计的影响方面。关于可持续产品设计方面见本书第 3 章，此处不再赘述。

关于供应商参与对产品设计的影响方面，一些学者支持供应商参与新产品设计，他们认为供应商参与新产品设计能够提升产品质量，降低产品的生产成本，缩短产品的开发时间[195-197]。而另一些学者持反对意见，他们认为供应商参与新产品设计存在一定的不确定性，例如，普利莫（Prim）指出虽然供应商参与能够在一定程度上提升产品质量，但是一些核心供应商的参与有可能影响产品生产流程，延长产品的上市时间[198]。利特勒（Littler）等使用实证研究的方法对供应商参与产品设计的作用进行调查，调查结果显示调查对象中 40% 指出供应商参与产品设计在一定程度导致研发成本上升，并且延长了产品的上市时间[199]。正是由于供应商参与产品设计存在一定的不确定因素，因此为了保证供应商参与对产品设计起到积极作用，越来越多的学者开始研究影响供应商参与产品设计效果的因素[200]。艾森哈德（Eisenhard）指出技术和市场的不确定性是影响供应商参与产品设计两个主要因素[201]。在此基础上哈特利（Hartley）指出随着供应商技术能力的不断增强，产品的开发时间不断缩短[202]。同时瓦斯蒂（Wasti）通过研究发现，供应商的技术能力还决定了供应商参与产品设计的时间，即供应商技术能力越强，供应商就会越早参与新产品的设计[203]。

尽我们所知，目前关于供应商参与对企业产品减排设计的影响方面的研究还相对比较少，程永宏和熊中楷从供应链视角出发建立了制造商与零售商博弈的集中决策和分散决策两种模型，分析政府在收取碳税的情况下，制造商与零售的减排策略和定价策略，研究结果表明碳税的税率、制造商的初始碳排放量以及决策方式都会影响制造商的减排策略以及零售商制定的产品的零售价格[204]。夏良杰研究了基于转移支付的供应商与制造商的联合减排问题，分析了各相关参数是如何影响供应商和制造商的减排量以及利润，同时分析了对于制造商而言应如何制定合适的转移支付策略，但是并没有研究供应商是否减排是如何影响制造商决策的[205]。所以本章在总结前人研究的基础上，分析了在制造商减排的情况下供应商的碳排放因素对产品设计的影响。本章通过构建一个以供应商作为领导者、制造商作为跟随者的两阶段斯坦伯格博弈模型来研究在制造商减排的基础上，供应商参与减排和供应商不参与减排两种情况下的制造商与供应商的最优决策，例如，供应商所提供的半成品价格和减排量、制造商的减排量和半成品的采购量。并且分析了碳税和消费的碳排放敏感度对相关决策变量的影响。

4.2 问题描述与模型假设

本章主要研究由供应商和制造商组成的两级供应链，其中供应商向制造商提供半成品，制造商经过一定的加工制造过程生产出最后的产成品，然后把这些产成品销售给消费者。随着近年来消费者环保意识的逐步增强，越来越多的消费者愿意购买低碳产品，消费者能从低碳产品中获得更多的效用，愿意为低碳产品支付更高的价格，所以制造商愿意进行减排投资。而此时供应商有两种选择，分别是不进行减排投资和减排投资。图4-1表示供应商与制造商组成的两级供应链网络结构。

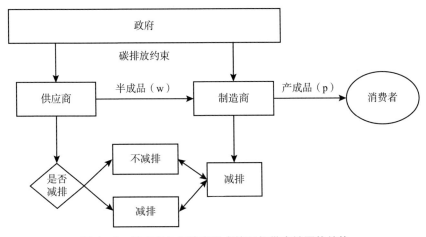

图 4 - 1　供应商与制造商组成的两级供应链网络结构

为了研究需要，本章做出以下假设：

（1）供应商和制造商有足够的生产能力，不考虑缺货的情况。

（2）该供应链只生产一种产品。

（3）在供应商和制造商生产条件不变的情况下，生产单位产品的碳排放是固定的，即总碳排放量是关于产量的线性函数。

（4）政府根据碳排放量征收碳税，不考虑碳税减免等情况。

（5）产品碳排放的相关信息对于消费者是公开的，消费者可以准确了解产品碳排放的相关信息。

表 4 - 1 表示本章相关符号与含义。

表 4 - 1　　　　　　　　　　　相关符号与含义

符号	含义
σ_s	减排前供应商生产单位产品的碳排放量
σ_m	减排前制造商生产单位产品的碳排放量
e_s	供应商单位产品的碳排放降低量，$0 \leqslant \gamma_s < \sigma_s$

符号	含义
e_m	制造商单位产品的碳排放降低量，$0 \leqslant \gamma_m < \sigma_s$
w	供应商半成品的价格，$w > 0$
p	产品的销售价格，$p > w$
α	消费者能够接受的产品的最高价格，$\alpha > 0$
b	产品产量对价格的影响系数，$b > 0$
d	消费者对碳排放的敏感度，$d > 0$
Q	产品的产量
c_s	供应商单位产品的生产成本，$c_s > 0$
c_m	制造商单位产品的生产成本，$c_m > 0$
l_s	供应商减排投资成本系数，$l_s > 0$
l_m	制造商减排投资成本系数，$l_m > 0$
t	政府单位碳排放征收的碳税，$t > 0$
Π_s^{ND}	供应商不减排情况下供应商的利润
Π_m^{ND}	供应商不减排情况下制造商的利润
Π_s^{YD}	供应商减排情况下供应商的利润
Π_m^{YD}	供应商减排情况下制造商的利润

图 4-2 显示，供应商和制造商刚开始减排是相对比较容易的，随着减排量的不断提升，供应商和制造商的减排成本的上升速度不断加快，因此供应商和企业的减排成本是关于减排水平的凸函数，所以供应商和企业的减排投资成本 $c(e)$ 同时满足一阶导数和二阶导数大于0，即 $c'(e) > 0$ 和 $c''(e) > 0$。同时根据相关文献假设，我们设供应商的减排投资成本为 $\frac{1}{2} l_s e_s^2$，制造商的减排投资成本为 $\frac{1}{2} l_m e_m^2$。

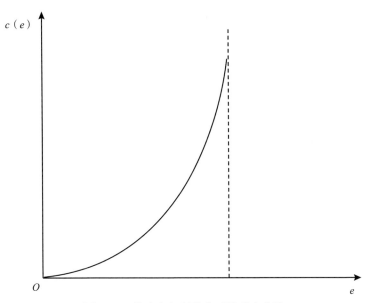

图 4 - 2　供应商与制造商减排成本曲线

在不考虑碳排放时产品的市场价格 $p = a - bQ$，其中 a 表示消费者能够接受的产品的最高价格，b 表示随着产品产量的增多消费降低愿意为产品支付的价格的系数，Q 表示产量。随着近年来消费者的环保意识越来越强，越来越多的消费者愿意购买低碳产品，消费者能从低碳产品中获得更多的效用，愿意为低碳产品支付更高的价格[206-207]，我们假设产品的碳排放降低量为 E，等于供应商和制造商碳排放降低量之和，消费者对碳排放的敏感度用 d 表示，所以可以得到此时产品的市场价格为：

$$p = a - bQ + dE \qquad (4-1)$$

我们用下标 s 表示供应商，下标 m 表示制造商，上标 ND 表示供应商不减排情况下，上标 YD 表示供应商减排情况下。可以得到供应商不参与减排和供应商参与减排两种情况下的供应商和制造商的利润函数。

供应商不参与减排情况下制造商与供应商的利润分别为：

$$\Pi_m^{ND} = (p - w - c_m)Q - (\sigma_m - e_m)Qt - \frac{1}{2}l_m e_m^2$$

$$\Pi_s^{ND} = (w - c_s)Q - \sigma_s Qt$$

供应商参与减排情况下制造商与供应商的利润分别为：

$$\Pi_m^{YN} = (p - w - c_m)Q - (\sigma_m - e_m)Qt - \frac{1}{2}l_m e_m^2$$

$$\Pi_s^{YD} = (w - c_s)Q - (\sigma_s - e_s)Qt - \frac{1}{2}l_s e_s^2$$

4.3 模型分析

4.3.1 供应商不参与减排时的可持续产品设计

在由供应商和制造商组成的两级供应链中，供应商与制造商的力量在大多数情况下是不对等的，双方多数情况执行的是斯坦伯格博弈。在该博弈中，第一阶段，供应商先决定半成品的价格。第二阶段，制造商根据产品的市场信息、消费者需求以及供应商确定的半成品价格，去确定产品的产量以及减排水平。本章采用逆向归纳法进行求解，即先求出制造商的产品生产量和减排量，然后再求出供应商的半成品价格。

制造商的目标函数为：

$$\max\Pi_m^{ND} = (p - w - c_m)Q - (\sigma_m - e_m)Qt - \frac{1}{2}l_m e_m^2 \tag{4-2}$$

上述目标函数的第一项表示制造商在不计减排成本与碳税支出情况下的利润，第二项表示制造商需要向政府缴纳的碳税，第三项表示制造商的减排成本。其中 Q 和 e_m 为决策变量。

由于供应商不参与减排，所以产品的碳排放的降低量等于制造商的碳排放降低量，即 $E = e_m$，所以当供应商不参与减排时，产品的价格为：

$$p = a - bQ + de_m \tag{4-3}$$

将 $p = a - bQ + de_m$ 代入 $\Pi_m^{ND} = (p - w - c_m)Q - (\sigma_m - e_m)Qt - \frac{1}{2}l_m e_m^2$，

可得

$$\Pi_m^{ND} = (a - bQ + de_m - w - c_m)Q - (\sigma_m - e_m)Qt - \frac{1}{2}l_m e_m^2 \tag{4-4}$$

由于海赛矩阵如下：

$$H^{ND} = \begin{vmatrix} \dfrac{\partial^2 \Pi_m^{ND}}{\partial Q^2} & \dfrac{\partial^2 \Pi_m^{ND}}{\partial Q \partial e_m} \\[2mm] \dfrac{\partial^2 \Pi_m^{ND}}{\partial e_m \partial Q} & \dfrac{\partial^2 \Pi_m^{ND}}{\partial e_m^2} \end{vmatrix} = \begin{vmatrix} -2b & d+t \\ d+t & -l_m \end{vmatrix}$$

海赛矩阵的一阶顺序主子式等于 $-2b < 0$，而二阶顺序主子式为：

$$|N^{ND}| = \frac{\partial^2 \Pi_m^{ND}}{\partial Q^2} \times \frac{\partial^2 \Pi^{ND}}{\partial e_m^2} - \frac{\partial^2 \Pi_m^{ND}}{\partial Q \partial e_m} \times \frac{\partial^2 \Pi_m^{ND}}{\partial e_m \partial Q} = 2bl_m - (d+t)^2$$

所以当 $2bl_m - (d+t)^2 > 0$ 时，海赛矩阵的二阶顺序主子式大于 0，海赛矩阵 H^{ND} 为负定的，因此当 $2bl_m - (d+t)^2 > 0$ 时公式（4-4）所表示的制造商的利润函数 $\Pi_m^{ND} = (a - bQ + de_m - w - c_m)Q - (\sigma_m - e_m)Qt - \frac{1}{2}l_m e_m^2$ 存在局部最优值。

公式（4-4）所表示的制造商的利润函数 $\Pi_m^{ND} = (a - bQ + de_m - w - c_m)Q - (\sigma_m - e_m)Qt - \frac{1}{2}l_m e_m^2$ 分别对 Q 和 e_m 求一阶偏导数，并令一阶偏导数等于 0，可得：

$$\frac{\partial \Pi_m^{ND}}{\partial Q} = a + de_m - w - c_m - 2bQ - (\sigma_m - e_m)t = 0 \tag{4-5}$$

$$\frac{\partial \Pi_m^{ND}}{\partial e_m} = dQ + Qt - l_m e_m = 0 \tag{4-6}$$

求解由公式（4-6）可以得到：

$$Q = \frac{a + de_m - w - c_m - (\sigma_m - e_m)t}{2b} \quad (4-7)$$

将 Q 分别对 e_m 和 w 求偏导数，并且可以证明 $\frac{\partial Q}{\partial e_m} > 0$，$\frac{\partial Q}{\partial w} < 0$。

结论 4.1   在供应商不参与减排时的斯坦伯格博弈中：第一，制造商对半成品的采购量 Q 与制造商减排量 e_m 正相关；第二，制造商对半成品的采购量 Q 与供应商提供的半成品价格 w 负相关。

结论 4.1 中关于采购量的函数是制造商半成品最优采购量的反应函数，而不是最优采购量。制造商对半成品的采购量与制造商减排量正相关意味着当制造商投资减排时，随着制造商减排量的不断上升，为了获得最大利润，制造商应该增加向供应商的半成品采购量。这主要是因为产品价格与产品减排量正相关，随着制造商减排量的不断提高，制造商销售产品的价格也会随之越来越高，这就能够增加制造商生产销售单位产品所获得的利润。因此为了获取最高利润，制造商会增加产品的生产量，于是就会增加向供应商的原材料采购量。制造商对半成品的采购量与供应商提供的半成品价格负相关意味着供应商可以通过降低半成品价格的方法来刺激制造商提高半成品的采购量。

将 $Q = \dfrac{a + de_m - w - c_m - (\sigma_m - e_m)t}{2b}$ 代入公式（4-6）中可以求得制造商的最优减排量为：

$$e_m^{ND} = \frac{(a - w - c_m - \sigma_m t)(d + t)}{2bl_m - (d + t)^2} \quad (4-8)$$

把 $e_m^{ND} = \dfrac{(a - w - c_m - \sigma_m t)(d + t)}{2bl_m - (d + t)}$ 代入 $Q = \dfrac{a + de_m - w - c_m - (\sigma_m - e_m)t}{2b}$ 中可得：

$$Q^{ND} = \frac{l_m(a - w - c_m - \sigma_m t)}{2bl_m - (d + t)^2} \quad (4-9)$$

然后供应商根据制造商的采购量和减排水平来确定半成品的价格，供应商的目标函数为：

$$\Pi_s^{ND} = (w - c_s) Q - \sigma_s Q t \tag{4-10}$$

把 $Q^{ND} = \dfrac{l_m(a - w - c_m - \sigma_m t)}{2bl_m - (d + t)}$ 代入公式（4-10）中，令 $\dfrac{\partial \Pi_s^{ND}}{\partial w} = 0$，可以

求得供应商半成品的最优价格：

$$w^{ND} = \frac{a - c_m + c_s - \sigma_m t + \sigma_s t}{2} \tag{4-11}$$

把公式（4-11）分别代入公式（4-9）和公式（4-10）中可得：

$$Q^{ND} = \frac{l_m(a - c_m - c_s - \sigma_m t - \sigma_s t)}{2\left[2bl_m - (d + t)^2\right]}, \quad e_m^{ND} = \frac{(a - c_m - c_s - \sigma_m t - \sigma_s t)(d + t)}{2\left[2bl_m - (d + t)^2\right]}$$

$$\tag{4-12}$$

可以求得供应商和制造商的利润分别为：

$$\Pi_s^{ND} = \frac{l_m(a - c_m - c_s - \sigma_m t - \sigma_s t)^2}{4\left[2bl_m - (d + t)^2\right]}$$

$$\Pi_m^{ND} = \frac{l_m(a - c_m - c_s - \sigma_m t - \sigma_s t)^2\left[2bl_m - l_m - (d + t)^2\right]}{4\left[2bl_m - (d + t)^2\right]^2}$$

由公式（4-11）可知，$\dfrac{\partial w^{ND}}{\partial c_m} < 0$，$\dfrac{\partial w^{ND}}{\partial \sigma_m} < 0$，$\dfrac{\partial w^{ND}}{\partial c_s} > 0$，$\dfrac{\partial w^{ND}}{\partial \sigma_s} > 0$。$\dfrac{\partial w^{ND}}{\partial t} =$

$\sigma_s - \sigma_m$，当 $\sigma_s - \sigma_m > 0$ 时，$\dfrac{\partial w^{ND}}{\partial t} > 0$；当 $\sigma_s - \sigma_m < 0$ 时，$\dfrac{\partial w^{ND}}{\partial t} < 0$。

由公式（4-12）可知，$\dfrac{\partial e^{ND}}{\partial c_m} < 0$，$\dfrac{\partial e^{ND}}{\partial \sigma_m} < 0$，$\dfrac{\partial e^{ND}}{\partial c_s} < 0$，$\dfrac{\partial e^{ND}}{\partial \sigma_s} < 0$，$\dfrac{\partial e^{ND}}{\partial d} > 0$。

分析 $\dfrac{\partial e^{ND}}{\partial t}$，当 t 相对较小，$\dfrac{\partial e^{ND}}{\partial t} > 0$，随着 t 不断增大，$\dfrac{\partial e^{ND}}{\partial t} < 0$。

由以上分析，可以得出以下结论：

结论 4.2 在供应商不参与减排时的斯坦伯格博弈中，供应商提供的半成品价格与供应商和制造商的生产成本与碳排放以及政府收取的碳税有关，与消费者对碳排放的敏感度无关。其中半成品价格随着制造商单位生产成本

与碳排放的升高而降低，随着供应商的单位生产成本与碳排放的升高而升高。半成品价格与政府收取的碳税之间的关系主要取决于供应商与制造商生产产品的初始碳排放量，如果供应商的初始碳排放量大于制造商的初始碳排放量，则半成品价格与碳税正相关；如果供应商的初始碳排放量小于制造商的初始碳排放量，则半成品价格与碳税负相关。

结论 4.3 在供应商不参与减排时的斯坦伯格博弈中，制造商的减排量与制造商和供应商的生产成本、制造商和供应商的初始碳排放量、消费者对碳排放的敏感度以及政府收取的碳税有关。其中与制造商的减排量与制造商和供应商的生产成本、制造商和供应商的初始碳排放量负相关，与消费者对碳排放的敏感度正相关。同时制造商的减排量随着碳税的增加先增加后降低，这主要是因为当碳税较小时，此时碳税成本与减排成本相比相对较大，企业刚开始减排相对较容易，所以此时企业选择增加减排量对企业比较有利；随着碳税的逐步增加，企业的减排压力越来越大，当减排量达到一定程度时，企业的减排成本超过碳税成本，所以此时企业选择降低减排量对企业比较有利，于是此时企业减排量开始逐步下降。因此我们可以看出，碳税不是越高越好，碳税在一定合理范围内能够促使企业减排，但是如果碳税过高，只会给企业增加经营负担，并没有起到减排的作用。

4.3.2 供应商参与减排时的可持续产品设计

供应商参与减排时，制造商与供应商之间同样执行的供应商作为领导者制造商作为跟随者的两阶段斯坦伯格博弈。第一阶段，供应商先决定半成品的价格以及减排量；第二阶段，制造商根据产品的市场信息，消费者需求以及供应商的确定的半成品价格和减排量，去确定产品的产量以及减排水平。本章采用逆向归纳法进行求解，即先求出制造商的产品生产量和减排量，然后再求出供应商的半成品价格以及减排量。

制造商的目标函数为：

$$\max \Pi_m^{YD} = (p - w - c_m)Q - (\sigma_m - e_m)Qt - \frac{1}{2}l_m e_m^2 \qquad (4-13)$$

由于供应商参与减排，所以产品的碳排放的降低量等于制造商的碳排放降低量与供应商碳排放的降低量之和，即 $E = e_m + e_s$，所以当供应商参与减排时，产品的价格为：

$$p = a - bQ + d(e_m + e_s) \qquad (4-14)$$

将 $p = a - bQ + d(e_m + e_s)$ 代入 $\Pi_m^{YD} = (p - w - c_m)Q - (\sigma_m - e_m)Qt - \frac{1}{2}l_m e_m^2$，

可得

$$\Pi_m^{YD} = \left[a - bQ + d(e_m + e_s) - w - c_m \right]Q - (\sigma_m - e_m)Qt - \frac{1}{2}l_m e_m^2 \qquad (4-15)$$

由于海赛矩阵如下：

$$H^{YD} = \begin{vmatrix} \dfrac{\partial^2 \Pi_m^{YD}}{\partial Q^2} & \dfrac{\partial^2 \Pi_m^{YD}}{\partial Q \partial e_m} \\[3mm] \dfrac{\partial^2 \Pi_m^{YD}}{\partial e_m \partial Q} & \dfrac{\partial^2 \Pi_m^{YD}}{\partial e_m^2} \end{vmatrix} = \begin{vmatrix} -2b & d+t \\ d+t & -l_m \end{vmatrix}$$

海赛矩阵的一阶顺序主子式等于 $-2b < 0$，而二阶顺序主子式为：

$$\left| H^{YD} \right| = \frac{\partial^2 \Pi_m^{YD}}{\partial Q^2} \times \frac{\partial^2 \Pi_m^{YD}}{\partial e_m^2} - \frac{\partial^2 \Pi_m^{YD}}{\partial Q \partial e_m} \times \frac{\partial^2 \Pi_m^{YD}}{\partial e_m \partial Q} = 2bl_m - (d+t)^2$$

所以当 $2bl_m - (d+t)^2 > 0$ 时，海赛矩阵的二阶顺序主子式大于 0，海赛矩阵 H^{ND} 为负定的，因此当 $2bl_m - (d+t)^2 > 0$ 时，公式（4-15）所表示的制造商的利润函数 $\Pi_m^{YD} = \left[a - bQ + d(e_m + e_s) - w - c_m \right]Q - (\sigma_m - e_m)Qt = \frac{1}{2}l_m e_m^2$ 存在局部最优值。

分别令 $\dfrac{\partial \Pi_m^{YD}}{\partial Q} = 0$，$\dfrac{\partial \Pi_m^{YD}}{\partial e_m} = 0$ 可得：

$$\frac{\partial \Pi_m^{YD}}{\partial Q} = a + d(e_m + e_s) - w - c_m - 2bQ - (\sigma_m - e_m)t = 0 \qquad (4-16)$$

$$\frac{\partial \Pi_m^{YD}}{\partial e_m} = dQ + Qt - l_m e_m = 0 \qquad (4-17)$$

求解由公式（4-16）和公式（4-17）组成的方程组，可以求得制造商的最优订购量与减排量如下所示：

$$e_m^{YD} = \frac{(d+t)(a+de_s-w-c_m-\sigma_m t)}{2bl_m-(d+t)^2} \qquad (4-18)$$

$$Q^{YD} = \frac{l_m(a+de_s-w-c_m-\sigma_m t)}{2bl_m-(d+t)^2} \qquad (4-19)$$

将 e_m^{YD} 和 Q^{YD} 分别对 e_s 和 w 求导，由公式（4-18）和公式（4-19）可知并可证 $\frac{\partial e_m^{YD}}{\partial e_s} = d(d+t) > 0$，$\frac{\partial e_m^{YD}}{\partial w} = -(d+t) < 0$，$\frac{\partial Q^{YD}}{\partial e_s} = l_m d > 0$，$\frac{\partial Q^{YD}}{\partial w} = -l_m < 0$。

结论 4.4 在供应商参与减排时的斯坦伯格博弈中：第一，制造商的最优减排量与供应商的减排量正相关；第二，制造商的最优减排量与供应商提供的半成品价格负相关；第三，制造商向供应商半成品的采购量与供应商的减排量正相关；第四，制造商向供应商半成品的购买量与半成品价格负相关。

结论 4.4 中制造商的最优减排量与供应商的减排量正相关说明供应商的减排对制造商的减排有激励作用，供应商可以通过提高自身减排量来引导制造商提高减排量。制造商的最优减排量与供应商提供的半成品价格负相关主要是因为当供应商提供的半成品价格上升时，对于制造商来讲生产成本就会相应增加，所以为了获得较高利润，制造商只能通过降低减排量来降低生产成本，于是随着供应商提供的半成品价格逐步升高，制造商的减排量降低，两者负相关。由于产品的最终销售价格与供应商和制造商的减排量正相关，所以供应商参与减排时的产品价格要高于供应商不参与减排时的产品价格，也就是说供应商参与减排能提高产品价格，这样也就提高了制造商生产销售单位产品的利润。因此，制造商为了获得最高利润就会增加半成品的采购量，同时产品价格随着供应商的减排量的增加而提高，制造商制造单位产品的利润也会随着供应商减排量的增加而提高，所以制造商向供应商半成品的采购量与供应商的减排量正相关。制造商对半成品的采购量与供应商提供的半成品价格负相关意味着供应商可以通过降低半成品价格的方法来刺激制造商提高半成品的采购量。

然后供应商根据制造商的采购量和减排水平来确定半成品的价格和减排水平，供应商的目标函数为：

$$\Pi_s^{YD} = (w - c_s)Q - (\sigma_s - e_s)Qt - \frac{1}{2}l_s e_s^2 \qquad (4-20)$$

把 $Q^{YD} = \dfrac{l_m(a + de_s - w - c_m - \sigma_m t)}{2bl_m - (d + t)^2}$ 代入公式（4-20）中，然后求 Π_S^{YD} 关于 w 和 w_s 的海赛矩阵如下：

$$H^{YD} = \begin{vmatrix} \dfrac{\partial^2 \Pi_s^{YD}}{\partial w^2} & \dfrac{\partial^2 \Pi_s^{YD}}{\partial w \partial e_s} \\[3mm] \dfrac{\partial^2 \Pi_m^{YD}}{\partial e_s \partial w} & \dfrac{\partial^2 \Pi_m^{YD}}{\partial e_s^2} \end{vmatrix} = \begin{vmatrix} \dfrac{-2l_m}{2bl_m - (d+t)^2} & \dfrac{l_m(d+t)}{2bl_m - (d+t)^2} \\[3mm] \dfrac{l_m(d-t)}{2bl_m - (d+t)^2} & \dfrac{l_m(d+dt)}{2bl_m - (d+t)^2} - l_s \end{vmatrix}$$

海赛矩阵的一阶顺序主子式等于 $\dfrac{-2l_m}{2bl_m - (d+t)^2} < 0$，而二阶顺序主子式为：

$$|H^{YD}| = \frac{\partial^2 \Pi_s^{YD}}{\partial w^2} \times \frac{\partial^2 \Pi_s^{YD}}{\partial e_s^2} - \frac{\partial^2 \Pi_s^{YD}}{\partial w \partial e_s} \times \frac{\partial^2 \Pi_m^{YD}}{\partial e_s \partial w} = \frac{-2l_m^2(d+dt) + 2l_s l_m [2bl_m - (d+t)^2] - l_m^2(d^2 - t^2)}{2bl_m - (d+t)^2}$$

所以当 $-2l_m^2(d+dt) + 2l_s l_m [2bl_m - (d+t)^2] - l_m^2(d^2 - t^2) > 0$ 时，Π_s^{YD} 关于 w 和 e_s 的海赛矩阵为负定的，公式（4-20）所表示的制造商的利润函数 $\Pi_s^{YD} = (w - c_s)Q - (\sigma_s - e_s)Qt - \frac{1}{2}l_s e_s^2$ 存在局部最优值。

分别令 $\dfrac{\partial \Pi_s^{YD}}{\partial w} = 0$，$\dfrac{\partial \Pi_s^{YD}}{\partial e_s} = 0$ 可得：

$$\frac{\partial \Pi_s^{YD}}{\partial w} = \frac{l_m[a + de_s - 2w - c_m - \sigma_m t + c_s + (\sigma_s - e_s)t]}{2bl_m - (d+t)^2} = 0 \qquad (4-21)$$

$$\frac{\partial \Pi_s^{YD}}{\partial e_s} = \frac{l_m \left[(w - c_s)d + (a + de_s - w - c_m - \sigma_m t)t - (\sigma_s - e_s)dt \right]}{2bl_m - (d + t)^2} - l_s e_s = 0$$

$$(4-22)$$

求解由公式（4-22）可知：

$$w^{YD} = \frac{a - de_s - c_m - \sigma_m t + c_s + (\sigma_s - e_s)t}{2} \qquad (4-23)$$

w^{YD} 对 e_s 求导，由公式（4-23）可知，$\dfrac{\partial w^{YD}}{\partial e_s} = d - t$。

结论 4.5 在供应商参与减排时的斯坦伯格博弈中，供应商提供的半成品价格与供应商自身的减排量直接的关系主要取决于消费者碳排放敏感度与碳税之差。如果消费者对碳排放的敏感度与碳税之差大于 0，则半成品价格与供应商减排量正相关；如果消费者对碳排放的敏感度与碳税之差小于 0，则半成品价格与供应商减排量负相关。这主要是因为当消费者对碳排放的敏感度与碳税之差大于 0 时，此时供应商降低碳排放所导致制造商采购量增加而给供应商带来的利润增加幅度小于供应商降低碳排放的成本和碳税支出，所以此时供应商需要提高半成品价格来获得最优利润。如果消费者对碳排放的敏感度与碳税之差小于 0，此时供应商降低碳排放所导致的制造商采购量增加而给供应商带来的利润大于供应商降低碳排放的成本和碳税支出，所以为了获取最优利润供应商通过降低半成品价格来刺激制造商增加采购量，进而获得最佳利润。半成品价格与政府收取的碳税之间的关系主要取决于供应商减排后的碳排放量与制造商的初始碳排放量。当供应商减排后的碳排放量大于制造商的初始碳排放量，则半成品价格与碳税正相关；当供应商减排后的碳排放量小于制造商的初始碳排放量，则半成品价格与碳税负相关。

把公式（4-23）代入公式（4-22）可得供应商的最优减排量为：

$$s_s^{YD} = \frac{l_m(d + t)(a - c_m - \sigma_m t - c_s - \sigma_s t)}{4l_s l_m - (d + t)^2(2l_s - l_m)} \qquad (4-24)$$

同时可以求半成品价格为：

$$w^{YD} = \frac{a - c_m - \sigma_m t + c_s + \sigma_s t}{2} + \frac{l_m (d^2 - t^2)(a - c_m - \sigma_m t - c_s - \sigma_s t)}{4 l_s l_m - (d + t)^2 (2 l_s - l_m)}$$

$$(4-25)$$

分别把公式（4-18）、公式（4-19）、公式（4-24）和公式（4-25）代入公式（4-13）和公式（4-20）中可以求得供应商与制造商的利润。

4.4 算 例 分 析

为了进一步比较碳税和消费者对碳排放的敏感度对供应商不参与减排时和供应商参与减排时对供应商与制造商各决策变量以及利润的影响，本节使用算例分析的方法来针对这些参数进行灵敏度分析。在满足最优解的条件下，我们令 $a = 110$、$b = 0.8$、$l_m = 200$、$l_s = 250$、$\sigma_m = 3$、$\sigma_s = 5$、$c_m = 3$、$c_s = 4$，分析碳税对供应商与制造商各决策变量以及利润的影响，令 $d = 0.5$，碳税 t 在 3 ~ 10 的范围内变化。分析消费者的碳排放敏感度对供应商与制造商各决策变量以及利润的影响时，令 $t = 5$，消费者的碳排放敏感度 d 在 0.1 ~ 1 的范围内变化。算例分析结果如图 4-3 至图 4-8 所示。

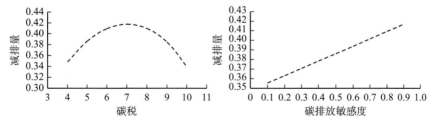

图 4-3 碳税与碳排放敏感度对供应商减排量的影响

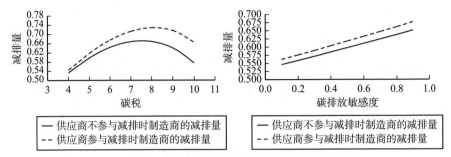

图 4 - 4 　碳税与碳排放敏感度对制造商减排量的影响

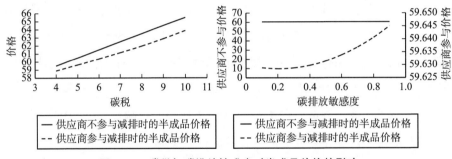

图 4 - 5 　碳税与碳排放敏感度对半成品价格的影响

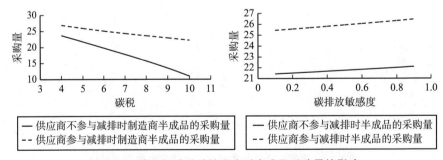

图 4 - 6 　碳税与碳排放敏感度对半成品采购量的影响

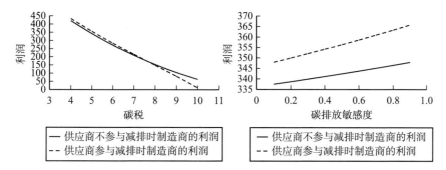

图 4-7　碳税与碳排放敏感度对制造商利润的影响

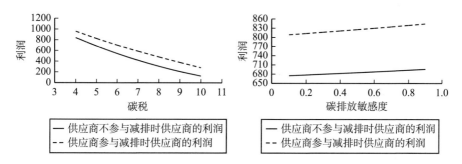

图 4-8　碳税与碳排放敏感度对供应商利润的影响

图 4-3 至图 4-8 所示的算例分析的结果既验证了上文的一些结论，同时还发现了一些新的规律：

（1）供应商与制造商的减排量随着碳税的上升先增加后减少，随着碳排放敏感度的上升逐步增加，同时供应商参与减排时的制造商的减排量高于供应商不参与减排时制造商的减排量。供应商与制造商的减排量随着碳税的增加先增加后减少，这主要是因为当碳税较小时，此时碳税成本与减排成本相比相对较大，企业刚开始减排相对较容易，所以此时企业选择增加减排量对企业比较有利；随着碳税的逐步增加，企业的减排压力越来越大，当减排量达到一定程度时，企业的减排成本超过碳税成本，所以此时企业选择降低减排量对企业比较有利，此时企业减排量开始逐步下降。因此我们可以看出，碳税不是越高越好，碳税在一定合理范围内能够促使企业减排，但是如果碳税过高，只会给企业增加经营负担，并没有起到减排的作用。同时供应商参与减排时的制造商的减排量高于供应商不参与减排时制造商的减排量说明了供应商参与减排对制造商减排有一定引导作用。

（2）供应商与制造商的减排量与消费者的碳排放敏感度正相关。随着消费者碳排放敏感度的增加，供应商与制造商的减排量都逐步增加，这说明当消费者能够充分意识到降低碳排放的好处时，供应商和制造商都会主动降低碳排放，进而起到保护环境的作用。同时也说明了政府一方面要制定合适的政策，另一方面也要通过宣传来提高消费者的碳排放意识使消费者能够充分意识到降低碳排放的好处，进而达到降低碳排放、保护环境的作用。

（3）供应商利润与制造商的利润随着碳税的升高而降低，随着消费者碳排放敏感度的升高而增加。随着政府收取碳税的不断上升，供应商和制造商的生产经营成本随之不断增加，在其他情况不变的条件下，成本的上升必然导致供应商和制造商利润的下降，所以碳税的升高就会导致供应商和制造商利润的下降。随着消费者碳排放敏感度的增加，在相同的减排量下，消费者能够接受的产品的市场价格越来越高，因而，供应商和制造商单位产品所获得的利润就会随之升高，在市场需求不变的情况下，供应商与制造商的总利润就会越来越高，所以供应商与制造商的利润随着消费者碳排放敏感度的升高而增加。

（4）供应商参与减排情况下的利润高于供应商不参与减排情况下的利润；在碳税相对较低的情况下，供应商参与减排情况下的制造商的利润高于供应商不参与减排情况下制造商的利润，但是随着碳税的逐步升高，供应商参与减排情况下的制造商的利润反而低于供应商不参与减排情况下制造商的利润。供应商参与减排情况下的利润高于供应商不参与减排情况下的利润说明供应商参与减排对其比较有利。而对于制造商来说，在碳税相对较低的情况下，供应商参与减排对制造商比较有利，此时制造商应该采取相应的措施

第 4 章 供应商参与下的可持续产品设计

来激励供应商减排。但是随着碳税的逐步增加，供应商的减排压力越来越大，当减排量达到一定程度时，供应商的减排成本超过碳税成本，供应商会通过提高半成品价格的方法将成本转移给制造商，所以此时如果供应商参与减排向制造商转移的成本比供应商不参与减排向制造商转移的成本高，所以此时供应商参与减排情况下的制造商的利润反而低于供应商不参与减排情况下制造商的利润。

4.5　本 章 小 结

本章主要研究了由供应商和制造商组成的两级供应链，其中供应商向制造商提供半成品，制造商经过一定的加工制造过程生产出最后的产成品，然后把这些产成品销售给消费者。本章通过构建一个以供应商作为领导者、制造商作为跟随者的两阶段斯坦伯格博弈模型来研究在制造商减排的基础上供应商参与减排和供应商不参与减排两种情况下的制造商与供应商的最优决策，例如，供应商所提供的半成品价格和减排量、制造商的减排量和半成品的采购量。并使用算例分析的方法分析了碳税与消费者对碳排放敏感度对制造商和供应商最优决策的影响，得到以下主要结论：

（1）在供应商不参与减排时的斯坦伯格博弈中，制造商对半成品的采购量 Q 与制造商减排量 e_m 正相关；制造商对半成品的采购量 Q 与供应商提供的半成品价格 w 负相关。

（2）在供应商参与减排时的情况下：制造商的最优减排量与供应商的减排量正相关，这就说明了供应商的减排对制造商的减排有激励作用，供应商可以通过提高自身减排量来引导制造商来提高减排量；制造商的最优减排量与供应商提供的半成品价格负相关；制造商向供应商半成品的采购量与供应商的减排量正相关；制造商向供应商半成品的购买量与半成品价格

· 87 ·

负相关。

（3）供应商与制造商的减排量随着碳税的上升先增加后减少，随着碳排放敏感度的上升逐步增加，同时供应商参与减排时的制造商的减排量高于供应商不参与减排时制造商的减排量。

（4）供应商与制造商的减排量与消费者的碳排放敏感度正相关，供应商和制造商的减排量随着消费者对碳排放的敏感度的上升而上升，下降而下降，这就说明了提升消费者对碳排放的敏感度有利于促进供应商和制造商降低碳排放量，政府应该通过适当的宣传来提升消费者的碳排放敏感度，进而达到降低碳排放量的作用。

（5）供应商利润与制造商的利润随着碳税的升高而降低，随着消费者碳排放敏感度的升高而增加。

（6）在碳税相对较低的情况下，供应商参与减排情况下的制造商的利润高于供应商不参与减排情况下制造商的利润，但是随着碳税的逐步升高，供应商参与减排情况下的制造商的利润反而低于供应商不参与减排情况下制造商的利润。

第 5 章

零售商成本分担下的可持续产品设计

5.1 引　　言

如第 4 章引言所描述，随着低碳经济的逐步
发展，消费者的低碳意识越来越强，客户价值将
受到产品的碳排放量的影响。越来越多的企业为
了增加碳排放的透明度，帮助消费者了解产品的
碳排放信息，开始在产品上使用碳标签。所以在
低碳意识的影响下，消费者愿意为低碳产品支付
更高的价格，同时碳税的逐步开征，也给企业带
来了一定的减排压力。总之，产品碳排放对产品
价格的影响越来越重要，降低碳排放成为企业急
需解决的重大问题之一。

制造商降低产品的碳排量能够提高产品的零售价格，提升零售商销售单位产品所获得的利润，制造商的减排工作在一定程度上是有利于零售商的，但是如果制造商承担了全部减排成本，那么就必然会导致产品的批发价格上升，市场需求量下降。对零售商而言，是否应该承担减排成本，如果承担，应该承担多少减排成本才最有利。因此本章主要分析零售商承担减排成本和零售商不承担减排成本两种情况下制造商和零售商的最优决策。并且使用算例分析的方法分析碳税和碳排放敏感度对供应链最优决策的影响。

与本章相关的研究主要体现在可持续产品设计方面以及产品的研发合作问题。关于可持续产品设计方面见本书第 3 章，此处不再赘述。

关于研发合作的问题，巴纳吉（Banerjee）分析了供应链上下游企业的合作动机，指出合作开发在一定程度上能够提高产品设计的效率，提高供应链上下游企业利润，实现双赢[208]。巴斯卡兰（Bhaskaran）和克里希南（Krishnan）指出研发合作主要有研发成本分摊和研发任务分摊两种合作模式，并在此基础上分析比较了研发成本分摊和研发任务分摊的优缺点，并且分析指出这两种研发合作模式的适用范围[209]。艾凤义和侯光明研究了在产品研发合作中供应链上下游企业应该如何分配收益分担成本[210]。另外，还有一些学者分别研究了在产品研发合作问题上供应链上下游企业的合作与竞争问题[211-213]，例如，刘伟等、周宇等、李勇等。盛昭瀚等和胡荣等在关于产品的研发合作与竞争的动态性和复杂性方面做了大量研究[214-215]。

尽我们所知，目前关于零售商成本分担对企业产品减排决策的影响的研究还相对较少，骆瑞玲研究了由制造商和零售商的两阶段博弈模型，分别分析了集中决策和分散决策情况下制造商和零售商的最优决策，并且进一步分析了碳排放敏感系数和碳排放上限对制造商和零售商最优决策的影响，研究结果显示，合理的碳排放上限对制造商降低碳排放具有积极作用[216]。刘（Liu）通过构建制造商与零售商之间的斯坦伯格两阶段博弈模型来分析消费者对碳排放的敏感性对供应链成员决策的影响，同时分析了制造商与零售商之间的竞争对利润分配的影响[217],但是这些研究都没有考虑零售商成本分担对制造商低碳产品设计的影响,因此,为了弥补这个空白,本章主要通过构建一个以制造商作为领导者、零售商作为跟随者的两阶段斯坦伯格博弈模型来分析零售商成本分担对制造商和零售商最优决策的影响,例如,制造商产品批发价格、制造商最优减排量、零售商成本分担率和零售商采购量等,在此基础上使用算例分析的方法分析碳税和碳排放敏感度对相关决策变量的影响。

5.2 问题描述与模型假设

本章主要研究制造商和零售商组成的两级供应链,制造商把产品批发给零售商,然后零售商再把这些产成品销售给消费者。随着近年来消费者环保意识的逐步增强,越来越多的消费者愿意购买低碳产品,消费者能从低碳产品中获得更多的效用,愿意为低碳产品支付更高的价格,同时碳税的逐步开征也给制造商带来了一定的减排压力,基于这两个方面的共同作用,制造商愿意进行减排投资。而在通常情况下如果制造商承担了全部减排成本,那么就必然会导致产品的批发价格上升,市场需求量下降。对零售商而言,是否应该承担减排成本,如果承担,应该承担多少减排成本才最有利。因此本章主要分析零售商承担减排成本和零售商不承担减排成本两种情况下制造商和零售的最优决策。图 4-1 表示制造商和零售商组成的二级供应链结构。

为了研究需要,本章作出以下假设:

(1) 制造商有足够的生产能力,能满足市场需求,因此不考虑缺货的情况。

(2) 该供应链只生产和销售一种产品。

(3) 在制造商生产条件不变的情况下,生产单位产品的碳排放是固定的,即总碳排放量是关于产量的线性函数。

(4) 为了不失去一般性,假设 $p > w$。

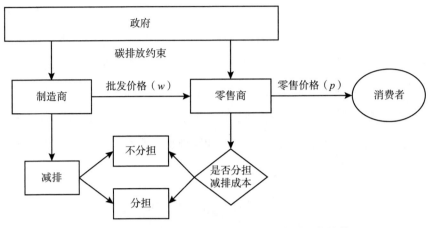

图5-1 制造商和零售商组成的两级供应链网络结构

（5）政府根据碳排放量征收碳税，不考虑碳税减免等情况。

（6）产品碳排放的相关信息对于消费者是公开的，消费者可以准确了解到产品碳排放的相关信息。

表5-1表示本章相关符号与含义。

表5-1 相关符号与含义

符号	含义
σ_m	减排前制造商生产单位产品的碳排放量
e_m	制造商单位产品的碳排放降低量，$0 \leqslant e_m \leqslant \sigma_s$
w	产品批发价格，$w > 0$
p	产品的销售价格，$p > w$
a	消费者能够接受的产品的最高价格，$a > 0$
b	产品产量对价格的影响系数，$b > 0$
d	消费者对碳排放的敏感度，$d > 0$
Q	产品的采购量
c_m	制造商单位产品的生产成本，$c_m > 0$
l_m	制造商减排投资成本系数，$l_m > 0$

符号	含义
t	政府单位碳排放征收的碳税，$t>0$
λ	零售商减排成本分担率，$\lambda>0$
Π_r^{ND}	无成本分担情况下的零售商利润
Π_r^{YD}	零售商成本分担情况下的零售商利润
Π_m^{ND}	无成本分担情况下的制造商利润
Π_m^{YD}	零售商成本分担情况下的制造商利润

图 5 - 2 显示，制造商刚开始减排相对比较容易，随着减排量的不断提升，制造商的减排成本的上升速度不断加快，因此制造商减排成本是关于减排量的凸函数，所以制造商的减排投资成本 $c(e)$ 同时满足一阶导数和二阶导数大于 0，即 $c'(e)>0$ 和 $c''(e)>0$。同时根据相关文献假设，制造商的减排投资成本为 $\frac{1}{2}l_m e_m^2$。

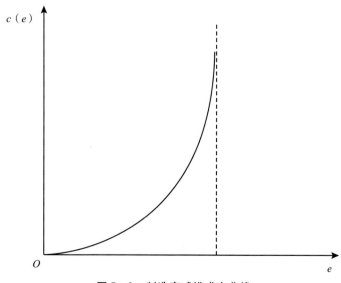

图 5 - 2 制造商减排成本曲线

在不考虑碳排放时产品的市场价格 $p = a - bQ$，其中 a 表示消费者能够接受的产品的最高价格，b 表示随着产品产量的增多，消费者降低的愿意为产品支付的价格的系数，Q 表示产量。随着近年来消费者的环保意识越来越强，越来越多的消费者愿意购买低碳产品，消费者能从低碳产品中获得更多的效用，愿意为低碳产品支付更高的价格，消费者对碳排放的敏感度用 d 表示，所以可以得到此时产品的市场价格为：

$$p = a - bQ + de_m \qquad (5-1)$$

其中，下标 m 表示制造商，下标 r 表示零售商，上标 ND 表示零售商不承担减排成本的情况，上标 YD 表示零售商承担减排成本的情况。可以得到制造商和零售商在两种情况下的利润。

在零售商不分担减排成本的情况下，制造商和零售商的利润函数分别为：

$$\Pi_m^{ND} = (w - c_m)Q - (\sigma_m - e_m)Qt - \frac{1}{2}l_m e_m^2$$

$$\Pi_r^{ND} = (p - w)Q$$

在零售商分担减排成本的情况下，零售商根据产品的市场销量、零售价格以及制造商产品的批发价格和制造商的减排情况来确定减排成本分担率，我们假设零售商的成本分担率为 λ，此时制造商和零售商的利润函数分别为：

$$\Pi_m^{YD} = (w - c_m)Q - (\sigma_m - e_m)Qt - \frac{1}{2}l_m e_m^2 + \lambda e_m Q$$

$$\Pi_r^{YD} = (p - w)Q - \lambda e_m Q$$

5.3 模型分析

5.3.1 无减排成本分担下的可持续产品设计

在由制造商和零售商组成的两级供应链中，制造商与零售商的力量在大多数情况下是不对等的，双方多数情况执行的是斯坦伯格博弈。在该博弈中，第一阶段，制造商先决定产品的批发价格和减排量。第二阶段，零售商根据产品的市场信息、消费者需求以及供应商的确定的批发价格，去确定产品的采购量。本章采用逆向归纳法进行求解，即先求出零售商的最优订货批量，然后制造商根据零售商的最优订货批量来确定产品的批发价格和产品的减排水平。

零售商的目标函数为：

$$\Pi_r^{ND} = (p - w)Q \tag{5-2}$$

把 $p = a - bQ + de_m$ 代入公式（5-2）中，可以得到零售商的目标函数为：

$$\Pi_r^{ND} = (a - bQ + de_m - w)Q \tag{5-3}$$

公式（5-3）对 Q 求二阶导数，可以得到 $\dfrac{\partial^2 \Pi_r^{ND}}{\partial Q^2} = -2b < 0$，可以得到公式（5-3）存在唯一最优解，即零售商存在唯一最优订货批量。令一阶偏导数 $\dfrac{\partial \Pi_r^{ND}}{\partial Q} = 0$，可以求得零售商的最优订货批量为：

$$Q^{ND} = \frac{a + de_m - w}{2b} \tag{5-4}$$

将 Q 分别对 e_m 和 w 求偏导数，可以得到 $\dfrac{\partial Q^{ND}}{\partial e_m} > 0$，$\dfrac{\partial Q^{ND}}{\partial w} < 0$。

结论 5.1 在零售商无成本分担的斯坦伯格博弈中：第一，零售商的最优订货批量与制造商的减排量正相关；第二，零售商的最优订货批量与产品的批发价格负相关。

结论 5.1 中零售商的最优订货批量与制造商的减排量正相关说明了随着制造商减排量的不断上升，零售商应该增加产品的订货批量。形成这一现象的主要原因是产品的销售价格与制造商的碳排放降低量正相关，当制造商增加碳排放降低量时，产品的销售价格不断上涨，同时产品销售价格的上涨速度小于产品批发价格的上涨速度，所以随着制造商碳排放降低量不断上升，零售商销售单位产品获得的利润就随之上升，因此，零售商为了获取最高利润，就会不断增加产品的采购批量。零售商的最优订货批量与产品的批发价格负相关，这主要是因为当产品的批发价格上涨时，零售商的成本就会上升，因此会降低产品订货量，同时我们还可以看出制造商降低产品的批发价格是促使零售商增加产品订货量的有效方法之一。

然后，制造商根据零售商采购量来确定半成品的价格和减排水平，制造商的目标函数为：

$$\Pi_m^{ND} = (w - c_m)Q - (\sigma_m - e_m)Qt - \frac{1}{2}l_m e_m^2 \tag{5-5}$$

把 $Q^{YN} = \dfrac{a + de_m - w}{2b}$ 代入公式（5-5）中，可以得到：

$$\Pi_m^{ND} = (w - c_m)\frac{a + de_m - w}{2b} - t(\sigma_m - e_m)\frac{a + de_m - w}{2b} - \frac{1}{2}l_m e_m^2 \tag{5-6}$$

由于海赛矩阵如下：

$$H^{ND} = \begin{vmatrix} \dfrac{\partial^2 \Pi^{ND}}{\partial w^2} & \dfrac{\partial^2 \Pi_m^{ND}}{\partial w \partial e_m} \\ \dfrac{\partial^2 \Pi_m^{ND}}{\partial e_m \partial w} & \dfrac{\partial^2 \Pi_m^{ND}}{\partial e_m^2} \end{vmatrix} = \begin{vmatrix} -\dfrac{1}{b} & \dfrac{d-t}{2b} \\ \dfrac{d-t}{2b} & \dfrac{dt - bl_m}{b} \end{vmatrix}$$

海赛矩阵的一阶顺序主子式等于 $-\dfrac{1}{b} < 0$，而二阶顺序主子式为：

$$|H^{ND}| = \frac{\partial^2 \Pi_m^{ND}}{\partial w^2} \times \frac{\partial^2 \Pi_m^{ND}}{\partial e_m^2} - \frac{\partial^2 \Pi_m^{ND}}{\partial w \partial e_m} \times \frac{\partial^2 \Pi_m^{ND}}{\partial e_m \partial w} = \frac{4bl_m - (d+t)^2}{4b^2}$$

所以当 $4bl_m - (d+t)^2 > 0$ 时，海赛矩阵的二阶顺序主子式大于0，海赛矩阵 H^{ND} 为负定的，因此当 $4bl_m - (d+t)^2 > 0$ 时，公式（5-5）所表示的制造商的利润函数 $\Pi_m^{ND} = (w - c_m)Q - (\sigma_m - e_m)Qt - \frac{1}{2}l_m e_m^2$ 存在局部最优值。

公式（5-6）所表示的制造商的目标函数 $\Pi_m^{ND} = (w - c_m)\dfrac{a + de_m - w}{2b} -$

$t(\sigma_m - e_m)\dfrac{a + de_m - w}{2b} - \dfrac{1}{2}l_m e_m^2$ 分别对 w 和 e_m 求一阶偏导数，并令一阶偏导数

等于 0，可得：

$$\frac{\partial \Pi_m^{ND}}{\partial w} = \frac{a + (d-t)e_m - 2w + c_m + t\sigma_m}{2b} = 0 \qquad (5-7)$$

$$\frac{\partial \Pi_m^{YN}}{\partial e_m} = \frac{at + dw - tw - dc_m + 2e_m(dt - bl_m) - dt\sigma_m}{2b} = 0 \qquad (5-8)$$

由公式（5-7）和公式（5-8）可得：

$$w = \frac{a + (d-t)e_m + c_m + t\sigma_m}{2}, \quad e_m = \frac{-at - dw + tw + dc_m + dt\sigma_m}{2(dt - bl_m)} \quad (5-9)$$

将 w 对 e_m 求导，由公式（5-9）可以得到 $\dfrac{\partial w}{\partial e_m} = d - t$。

结论 5.2 产品的生产成本随着制造商减排量的上升而上升，但是产品的批发价格不一定上升。产品批发价格与制造商减排量之间的关系主要取决于消费者对碳排放敏感度与碳税之差。如果消费者对碳排放的敏感度与碳税之差大于 0，那么产品批发价格与制造商减排量之间正相关；如果消费者对碳排放的敏感度与碳税之差小于 0，那么产品的批发价格负相关。

形成这一现象的主要原因是，如果消费者的碳排放敏感度大于碳税，制造商降低碳排放所导致的由于零售商增加订货量而增加的利润小于制造商的减排成本和制造商向政府缴纳的碳税降低量之和，所以此时制造商会通过提高产品批发价格的方法来弥补减排成本，因此产品的批发价格随着制造商碳排放降低量的上升而增加。如果消费者的碳排放敏感度小于碳税，制造商降低碳排放所导致的由于零售商增加订货量而增加的利润大于制造商的减排成本和制造商向政府缴纳的碳税之和，所以此时为了获取更大利润，制造商会进一步降低产品的批发价格来刺激零售商提高产品的采购量，因此产品的批发价格随着制造商碳排放降低量的增加而降低。

把公式（5-9）代入公式（5-8）中可以得到：

$$e_m = \frac{(d+t)(c_m - a + t\sigma_m)}{(d+t)^2 - 4bl_m} \qquad (5-10)$$

$$w = \frac{c_m[d(d+t) - 2bl_m] + t(d+t)(a+d\sigma_m) - 2bl_m(a+t\sigma_m)}{(d+t)^2 - 4bl_m} \qquad (5-11)$$

把公式（5-10）、公式（5-11）代入公式（5-4）和公式（5-1）中可以求得零售商的最优采购批量和产品的零售价格为：

$$Q^{YN} = \frac{l_m(a - c_m - t\sigma_m)}{4bl_m - (d+t)^2} \qquad (5-12)$$

$$p = \frac{c_m[d(d+t) - bl_m] + t(d+t)(a+d\sigma_m) - bl_m(3a + t\sigma_m)}{(d+t)^2 - 4bl_m} \qquad (5-13)$$

同时可以求得制造商和零售商的利润分别为：

$$\Pi_r^{ND} = \frac{bl_m^2(c_m + t\sigma_m - a)^2}{[(d+t)^2 - 4bl_m]^2}, \quad \Pi_m^{ND} = \frac{l_m(c_m - a + t\sigma_m)^2}{2[4bl_m - (d+t)^2]}$$

将 e_m 对 d 和 t 求导，由公式（5-9）可以得到：

$$\frac{\partial e_m}{\partial d} = \frac{[(d+t)^2 + 4bl_m](a - c_m - t\sigma_m)}{[(d+t)^2 - 4bl_m]^2}$$

$$\frac{\partial e_m}{\partial t} = \frac{(d+t)^2(a+d\sigma_m) + 4bl_m[a-(d+2t)\sigma_m] - c_m[(d+t)^2 + 4bl_m]}{[(d+t)^2 - 4bl_m]^2}$$

分析 $\dfrac{\partial e_m}{\partial d} = \dfrac{[(d+t)^2 + 4bl_m](a - c_m - t\sigma_m)}{[(d+t)^2 - 4bl_m]^2}$，由于制造商的利润函数存在

最优解的条件是海赛矩阵的二阶顺序主子式大于 0，因此 $4bl_m - (d+t)^2 > 0$，同时由公式（5-12）可以知道 $Q^{ND} > 0$，所以 $a - c_m - \sigma_m > 0$，因此可以得到

$$\frac{\partial e_m}{\partial d} = \frac{[(d+t)^2 + 4bl_m](a - c_m - t\sigma_m)}{[(d+t)^2 - 4bl_m]^2} > 0。$$

分析 $\dfrac{\partial e_m}{\partial t} = \dfrac{(d+t)^2(a+d\sigma_m) + 4bl_m[a-(d+2t)\sigma_m] - c_m[(d+t)^2 + 4bl_m]}{[(d+t)^2 - 4bl_m]^2}$，

当 t 相对较小时，$\dfrac{\partial e_m}{\partial t} > 0$；随着 t 的不断增大，$4bl_m[a-(d+2t)\sigma_m]$ 的上涨速

度小于 $c_m \left[(d+t)^2 + 4bl_m \right]$ 的上涨速度，所以当 t 增大到一定程度时，$\dfrac{\partial e_m}{\partial t} < 0$。

结论 5.3 在零售商无成本分担情况下，制造商的减排量与消费者对碳排放的敏感度和碳税有关。其中制造商的减排量与消费者对碳排放敏感度正相关，这主要是因为随着消费者对碳排放敏感度的上升，产品的批发价格上升，制造商由于增加减排量而带来的利润上涨幅度大于减排成本的上升幅度，所以制造商的减排量随着消费者对碳排放敏感度的升高而升高，随着消费者对碳排放敏感度的降低而降低。这种现象同时也说明了政府可以通过增强关于低碳产品的宣传，产品采用低碳标识来增强消费者的碳排放敏感度，从而刺激制造商增加产品的减排量。制造商的减排量随着碳税的上升先增加后降低，这主要是因为当碳税较小时，此时碳税成本与减排成本相比相对较大，企业刚开始减排相对较容易，所以此时企业选择增加减排量对企业比较有利；随着碳税的逐步增加，企业的减排压力越来越大，当减排量达到一定程度时，企业的减排成本超过碳税成本，所以此时企业选择降低减排量对企业比较有利，此时企业减排量开始逐步下降，因此我们可以看出，碳税不是越高越好，碳税在一定合理范围内能够促使企业减排，但是如果碳税过高，只会给企业增加经营负担，并没有起到减排的作用。同时，综合第 3 章的结论，可以看出增强消费者对碳排放的敏感度对制造商降低碳排放量比较有利，消费者对碳排放的敏感度越高越好，碳税对制造商降低碳排放量的作用是双方面的，碳税在合理的范围内，对制造商降低碳排放量比较有利，当碳税增高到一定程度，反而不利于降低碳排放，因此政府在制定碳税税率时需要充分调研、详细分析、精确计算、制定合适的碳税税率，使碳税能够在降低碳排放方面发挥积极作用。

5.3.2 减排成本分担下的可持续产品设计

在引入零售商减排成本分担后，制造商和零售商之间同样执行的是两阶段斯坦伯格博弈。第一阶段，制造商先决定产品的批发价格、减排量以及减排成本分担率；第二阶段，零售商根据制造商确定的产品的批发价格、减排量、减排成本分担率以及产品的市场需求来确定自己的最优订购批量。本节同样采用逆向归纳法进行求解，即先求出零售商的最优订货批量，然后再求出制造商产品的批发价格、产品减排量以及减排成本分担率。我们假设零售商的减排成本分担率 λ。制造商和零售商的利润函数分别为：

$$\Pi_m^{YD} = (w - c_m)Q - (\sigma_m - e_m)Qt - \frac{1}{2}l_m e_m^2 + \lambda e_m Q$$

$$\Pi_r^{YD} = (p - w)Q - \lambda e_m Q$$

为了计算方便，我们假设制造商产品的批发价格和减排量已经事先确定好，在下一节我们具体分析零售商减排成本分担情况下产品的批发价格和制造商减排量的具体取值范围。

5.3.2.1 零售商决定产品的采购量

零售商的目标函数为：

$$\Pi_r^{YD} = (p - w)Q - \lambda e_m Q \qquad (5-14)$$

把 $p = a - bQ + de_m$ 代入公式（4-14）中，可以得到零售商的目标函数为：

$$\Pi_r^{YD} = (a - bQ + de_m - w)Q - \lambda e_m Q \qquad (5-15)$$

公式（5-15）对 Q 求二阶导数，可以得到 $\frac{\partial^2 \Pi_r^{YD}}{\partial Q^2} = -2b < 0$，因此，公式（5-15）存在唯一最优解，即零售商存在唯一最优订货批量。令一阶偏导数 $\frac{\partial \Pi_r^{YD}}{\partial Q} = 0$，可以求得零售商的最优订货批量为：

$$Q^{YD} = \frac{a + de_m - w - \lambda e_m}{2b} \qquad (5-16)$$

将 Q 分别对 e_m 和 w 求偏导数，由公式（5-16）可以得到：

$$\frac{\partial Q}{\partial e_m} = d - \lambda, \quad \frac{\partial Q}{\partial w} < 0$$

结论 5.4 在零售商成本分担的斯坦伯格博弈中：第一，零售商的订购批量与制造商产品的减排量之间的关系主要取决于消费者对碳排放敏感度与零售商成本分担率之差，当消费者对碳排放的敏感度与零售商成本分担率之差大于 0，那么零售商的最优订购量与制造商的减排量之间正相关；如果消费者对碳排放的敏感度与零售商成本分担率之差小于 0，那么零售商的最优订购批量与制造商的减排量之间负相关。第二，零售商的订购批量与制造商确定的半成品价格负相关。

结论 5.4 中零售商的订购批量与制造商的减排量之间的关系主要取决于消费者对碳排放敏感度与零售商成本分担率之差，形成这一现象的主要原因是，当消费者对碳排放敏感度与零售商成本分担率之差大于 0 时，此时由于制造商降低碳排放量所导致的产品零售价格上涨给零售商带来的利润的上升幅度大于零售商所承担的减排成本，所以零售商为了获取最大利润就会增加产品的采购量；反之，当消费者对碳排放的敏感度与零售商成本分担率之差小于 0 时，此时由于制造商降低碳排放量所导致的产品零售价格上涨给零售商带来的利润上升幅度小于零售商所承担的减排成本，此时零售降低产品的采购量对其比较有利。零售商的最优订货批量与产品的批发价格负相关，这主要是因为当产品的批发价格上涨时，零售商的成本就会上升，因此会降低产品订货量，同时我们还可以看出在零售商分担减排成本的情况下，制造商降低产品的批发价格是刺激零售商增加产品采购量的有效方法。

5.3.2.2 制造商决定零售商的减排成本分担率

制造商的目标函数为：

$$\Pi_m^{YD} = (w - c_m)Q - (\sigma_m - e_m)Qt - \frac{1}{2}l_m e_m^2 + \lambda e_m Q \qquad (5-17)$$

把 $Q^{YD} = \dfrac{a + de_m - w - \lambda e_m}{2b}$ 代入公式（5-17）中，可以得到

$$\Pi_m^{YD} = \frac{1}{2b}(a + de_m - w - \lambda e_m)(w - c_m - t\sigma_m + te_m + \lambda e_m) - \frac{1}{2}l_m e_m^2$$

$$(5-18)$$

Π_m^{YD} 对 λ 求二阶偏导数，可以求得 $\dfrac{\partial^2 \Pi_m^{YD}}{\partial \lambda^2} = -\dfrac{e_m^2}{b} < 0$，所以公式（5-18）

所表示的制造商的目标函数存在唯一最优值，令 $\dfrac{\partial \Pi_m^{YD}}{\partial \lambda} = 0$，可得 $\dfrac{\partial \Pi_m^{YD}}{\partial \lambda} =$

$\dfrac{e_m}{2b}\big[a - 2w + c_m + (d - t - 2\lambda)e_m + t\sigma_m\big] = 0$，因此可以求得，零售商的最优成

本分担率为：

$$\lambda = \frac{a - 2w + c_m + (d - t)e_m + t\sigma_m}{2e_m} \qquad (5-19)$$

将 λ 分别对 w 和 e_m 求偏导数，由公式（5-19）可以得到：$\dfrac{\partial \lambda}{\partial w} = -\dfrac{1}{e_m} < 0$，

$\dfrac{\partial \lambda}{\partial e_m} = \dfrac{2w - a - c_m - t\sigma_m}{2e_m^2}$。

结论5.5 在零售商成本分担的斯坦伯格博弈中：第一，零售商的减排成本分担率与产品的批发价格之间负相关。第二，零售商的减排成本分担率与制造商的减排量之间的关系取决于 $2w - a - c_m - t\sigma_m$ 的数值，当 $2w - a - c_m - t\sigma_m > 0$ 时，零售商的减排成本分担率与制造商的减排量之间正相关；当 $2w - a - c_m - t\sigma_m < 0$ 时，零售商的减排成本分担率与制造商的减排量之间负相关。

零售商的减排成本分担率与产品的批发价格之间负相关说明了如果降低产品的批发价格时，制造商应该提高零售商的减排成本分担率；如果提高产品的批发价格，制造商应该降低零售商的减排成本分担率。这主要是因为制造商可以通过提高产品批发价格的方法把部分减排成本转移给零售商，所以

当产品批发价格上升时，零售商的成本分担率会随之下降，反之亦然。零售商的减排成本分担率与制造商减排量之间的关系取决于 $2w - a - c_m - t\sigma_m$ 的数值，这主要是因为：当 $2w - a - c_m - t\sigma_m > 0$ 时，随着产品减排量的上升，制造商投入的减排成本上升幅度大于由于产品碳排放降低而给制造商带来的利润的增加幅度，因此为了获取最大利润，随着减排量的不断上升，制造商会逐步提高零售商的成本分担率；当 $2w - a - c_m - t\sigma_m < 0$ 时，此时制造商投入的减排成本的上升幅度小于由于产品的碳排放降低而给制造商带来的利润增加幅度，因此此时随着减排量的不断上升，制造商会逐步降低零售商的成本分担率。

把公式（5-19）代入公式（5-16）中，可以求得零售商的最优订货量为：

$$Q^{YD} = \frac{a + de_m - c_m + te_m - t\sigma_m}{4b} \tag{5-20}$$

将公式（5-19）和公式（5-20）分别代入公式（5-15）和公式（5-17）中，可以求得零售商和制造商的利润分别为：

$$\Pi_r^{YD} = \frac{(a - c_m + de_m + te_m - t\sigma_m)^2}{16b} \tag{5-21}$$

$$\Pi_m^{YD} = \frac{(a - c_m + de_m + te_m - t\sigma_m)^2}{8b} - \frac{1}{2}l_m e_m^2 \tag{5-22}$$

5.3.3 减排成本分担的必要条件

制造商和零售商都愿意实施成本分担的必要条件是帕累托改进，即在实施成本分担后都能增加制造商和零售商的利润。在引入成本分担后，零售商决定最优订货量，制造商确定成本分担率，可以求出产品减排量的取值范围，使制造商和零售商在实施减排成本分担契约后的利润都比无减排分担契约时有一定程度的增加。

（1）制造商愿意实施成本分担契约的条件是在实施减排成本分担契约后，制造商的利润有一定程度增加，即实施减排成本分担后的利润大于实施减排成本分担前的利润，即：

$$\Pi_m^{YD} - \Pi_m^{ND} = \frac{(a - c_m + de_m + te_m - t\sigma_m)^2}{8b} - \frac{1}{2}l_m e_m^2 - \frac{l_m(c_m - a + t\sigma_m)^2}{2[4bl_m - (d+t)^2]} > 0$$

$$(5-23)$$

则可以求出 e_m 的取值范围。

（2）零售商愿意实施成本分担契约的条件是在实施减排成本分担契约后，零售商的利润有一定程度增加，即实施减排成本分担后的利润大于实施减排成本分担前的利润，即：

$$\Pi_r^{YD} - \Pi_r^{ND} = \frac{(a - c_m + de_m + te_m - t\sigma_m)^2}{16b} - \frac{bl_m^2(c_m + t\sigma_m - a)^2}{[(d+t)^2 - 4bl_m]^2} > 0$$

$$(5-24)$$

结论 5.6 如果制造商产品的减排量 e_m 同时满足公式（5-23）和公式（5-24），则制造商的利润上升，同时零售商的利润也上升，所以此时的减排量使制造商和零售商都有动力实施成本分担契约。

在实施成本分担契约时，产品的减排量是制造商事先确定好的，并不一定能够取到最优值，因此此时制造商和零售商的利润也并不一定是最佳利润值，但是只要产品的减排量同时满足公式（5-23）和公式（5-24），制造商和零售商的利润在实施成本分担契约后都会增加，此时的产品减排量能够实现帕累托改进，因而证明了成本分担契约是有效的。

由于产品减排量增加所带来的产品价格上涨给制造商和零售商带来的利润上涨幅度大于制造商和零售商承担的减排成本分担费用时，制造商和零售商就有动机实施成本分担契约。因此，在消费者具有一定碳排放敏感度的市场环境中，供应链中各成员就可以根据企业的实际情况进行详细分析、精确计算，进而制定合适的政策来激励供应链中的上下游企业，以达到帕累托改进，进而实现帕累托最优。

5.4 实施减排成本分担前后的比较分析

结论 5.7 当制造商的减排量 $e_m > \dfrac{(d+t)(a-c_m-t\sigma_m)}{4bl_m-(d+t)^2}$ 时，在实施成本

分担契约后，零售商的最优订货量增加；当 $e_m < \dfrac{(d+t)(a-c_m-t\sigma_m)}{4bl_m-(d+t)^2}$ 时，在

实施成本分担契约后，零售商的最优订货量降低。

结论 5.8 当制造商的减排量 $e_m > \dfrac{(d+t)(a-c_m-t\sigma_m)}{4bl_m-(d+t)^2}$，在实施成本分

担契约后，产品的零售价格降低；当 $e_m < \dfrac{(d+t)(a-c_m-t\sigma_m)}{4bl_m-(d+t)^2}$ 时，在实施成

本分担契约后，产品的零售价格上升。

证明： 比较实施成本分担契约前后零售商的最优订货量，由公式（5-12）

可知无成本分担时，零售商的最优订货量为 $Q^{YN}=\dfrac{l_m(a-c_m-t\sigma_m)}{4bl_m-(d+t)^2}$，由公式

（5-20）可知，在实施成本分担契约后，零售商的最优订货量为 $Q^{YD}=$

$\dfrac{a+de_m-c_m+te_m-t\sigma_m}{4b}$，所以可知：

$$Q^{YD}-Q^{ND}=\frac{a+de_m-c_m+te_m-t\sigma_m}{4b}-\frac{l_m(a-c_m-t\sigma_m)}{4bl_m-(d+t)^2}$$

$$=\frac{(d+t)e_m[4bl_m-(d+t)^2]-(d+t)^2(a-c_m-t\sigma_m)}{4b[4bl_m-(d+t)^2]}$$

由上文可知 $4b[4bl_m-(d+t)^2]>0$，所以如果 $Q^{YD}>Q^{ND}$，则 $(d+t)e_m$

$[4bl_m-(d+t)^2]-(d+t)^2(a-c_m-t\sigma_m)>0$，由此可以得出 $e_m>$

$$\frac{(d+t)(a-c_m-t\sigma_m)}{4bl_m-(d+t)^2}, \text{ 即当 } e_m > \frac{(d+t)(a-c_m-t\sigma_m)}{4bl_m-(d+t)^2} \text{时，} Q^{YD} > Q^{ND}\text{。同理可}$$

以证明当 $e_m < \dfrac{(d+t)(a-c_m-t\sigma_m)}{4bl_m-(d+t)^2}$ 时，$Q^{YD} < Q^{ND}$。

实施产品减排成本分担契约前后的产品零售价格变化的证明方法与实施产品减排成本分担契约前后零售商订货量变化的证明方法一致，此处不再赘述。

结论 5.7 和结论 5.8 说明了在实施成本分担契约后，制造商可以通过选择合适的减排量和成本分担契约来刺激消费者的低碳产品需求，进而降低产品价格，提高供应链各成员参与减排的积极性，同时在减排量和成本分担率在满足一定条件的情况下能同时提高制造商和零售商的利润，实现双赢。这就表明合适的成本分担契约能起到改善供应链上各成员收益的作用，因此，企业需要通过充分调研、详细分析、精确计算来设计合适的成本分担契约。同时，在现实生活中，越来越多的企业已经认识到降低产品碳排放，提升低碳产品需求，需要供应链上下游企业共同合作，那么就需要设计相应的机制来激发供应链各成员参与减排的积极性，提升供应链效率，最终达到降低产品碳排放能使供应链上下游各成员都能够获得一定收益的目的。

5.5 算例分析

为了进一步比较碳税和消费者对碳排放的敏感度对无减排成本分担和实施减排成本分担契约后对制造商和零售商各决策变量以及利润的影响，本节使用算例分析的方法来针对这些参数进行灵敏度分析。在满足最优解的条件下，我们令 $a=100$、$b=0.8$、$l_m=200$、$\sigma_m=3$、$c_m=10$。我们首先分析无减排成本分担情况下碳税和碳排放敏感度对供应链各决策变量的影响，然后分析实施减排成本分担契约后的碳税和碳排放敏感度对供应链各决策变量的影响，最后对比分析无减排成本分担和实施减排成本分担契约后制造商不同减排量对制造商和零售商利润的影响，得出制造商减排量的取值范围。

5.5.1 无减排成本下碳排放敏感度与碳税对供应链成员决策的影响

无减排成本分担情况下，碳税与碳排放敏感度对供应链各成员决策的影响如图 5 - 3 至图 5 - 6 所示。图 5 - 3 至图 5 - 6 分别分析了碳税和消费者对碳排放敏感度对制造商减排量、零售商采购量、制造商利润和零售商利润的影响。

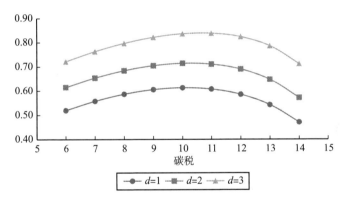

图 5 - 3 碳税与碳排放敏感度对制造商减排量的影响

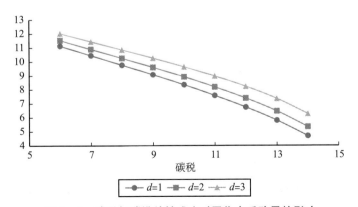

图 5 - 4 碳税与碳排放敏感度对零售商采购量的影响

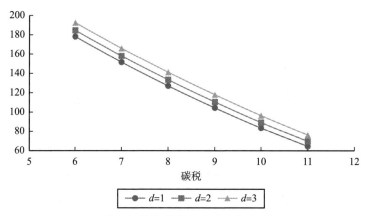

图 5-5 碳税与碳排放敏感度对制造商利润的影响

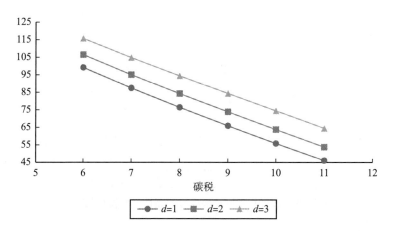

图 5-6 碳税与碳排放敏感度对零售商利润的影响

从图 5-3 至图 5-6 的分析结果可以看出，碳排放敏感度 d 与制造商的减排量、零售商的采购量、制造商和零售商的利润正相关。消费者对碳排放敏感度越高，就愿意为低碳产品支付更高的价格，零售商销售单位产品所获的利润就越高。因此，随着碳排放敏感度的不断上升，零售商就会提高产品的采购量，零售商的利润也会增加。对于制造商而言，随着消费者对碳排放敏感度的上升，由于产品批发价格和零售商采购量上升所带来的利润的上涨幅度大于制造商减排成本的上升幅度，所以随着消费者对碳排放敏感度的上升，制造商产品的减排量也随之不断上升，制造商利润也会相应增加。这一现象告诉我们，企业可以加强在低碳产品方面的宣传工作，在产品上使用碳标签或者低碳标识等，不断提高消费者对碳排放的敏感度，进而提高企业利润水平。政府方面可以通过宣传来弘扬人与自然和谐相处的发展观，加强低碳产品的认证，不断提高消费者的低碳意识，营造一个低碳节能的社会环境。

同时从上述算例分析还可以看出，制造商的减排量随着碳税的上升先增加后减少，零售商采购量、制造商利润和零售商利润随着碳税的上升而降低。形成这一现象的主要原因是，当碳税较小时，此时碳税成本与减排成本相比相对较大，企业刚开始减排相对较容易，此时企业选择增加减排量对企业比较有利；随着碳税的逐步增加，企业的减排压力越来越大，当减排量达到一定程度时，企业的减排成本超过碳税成本，此时企业选择降低减排量对企业比较有利，所以此时企业减排量开始逐步下降。因此我们可以看出，碳税不是越高越好，碳税在一定合理范围内能够促使企业减排，但是如果碳税过高，只会给企业增加经营负担，并没有起到减排的作用。另外，随着碳税的逐步升高，制造商和零售商的成本会随之上升，零售商采购量下降，所以制造商和零售商的利润也随之下降。

5.5.2　减排成本分担下的碳排放敏感度与碳税对供应链成员决策的影响

假设产品的批发价格 $w = 50$，制造商减排量 $e_m = 1.2$。图 5-7 至图 5-10 分别分析减排成本分担下，碳税和碳排放敏感度对零售商成本分担率、零售商采购量、制造商利润和零售商利润的影响。

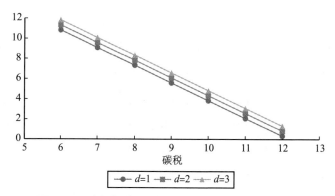

图 5-7 碳税与碳排放敏感度对成本分担率的影响

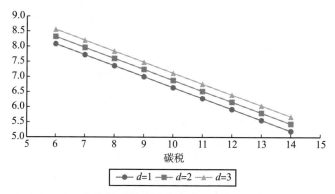

图 5-8 碳税与碳排放敏感度对零售商采购量的影响

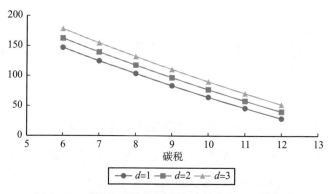

图 5-9 碳税与碳排放敏感度对制造商利润的影响

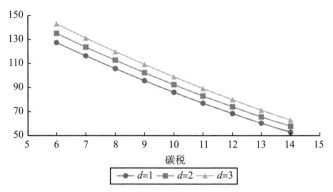

图 5 – 10 碳税与碳排放敏感度对零售商利润的影响

与上一节无成本分担情况一致，消费者对碳排放敏感度 d 的取值分析了消费对碳排放敏感度与零售商成本分担率、零售商采购量、制造商利润和零售商利润的影响。图 5 – 7 至图 5 – 10 显示了在实施成本分担契约下，随着消费者对碳排放敏感度的增加，零售商成本分担率、零售商采购量、制造商利润和零售商利润都有所增加。随着碳税的增大，零售商成本分担率、零售商采购量、制造商利润和零售商利润逐步降低。这主要是因为，随着消费者对碳排放敏感度的上升，消费者能够接受的产品价格不断上升，零售商的利润空间不断增大，零售商能够承担的减排成本就越来越高，因此制造商为了获取最大利润，就会不断提高零售商的成本分担率。随着碳税的不断上升，产品成本越来越高，产品销售价格就随之越来越高，零售商的产品销售量就随之下降，零售商利润空间降低，进而零售商能够承担的减排成本就越来越少，所以随着碳税的逐步上升，制造商会降低零售商的减排成本分担率。在实施成本分担契约后，零售商采购量、制造商利润和零售商利润随着碳税和碳排放敏感度的变化趋势与无成本分担情况一致，此处不再赘述其变化原因。

5.5.3 成本分担前后比较分析

假设消费者对碳排放的敏感度 $d = 9$，碳税 $t = 4$。图 5 – 11 分析了实施减排成本分担契约后，不同减排量情况下制造商和零售商的利润变化趋势。

图 5 – 11 中，Π_m^{ND} 表示无成本分担情况下制造商的利润，Π_m^{YD} 表示实施成本分担契约后制造商的利润，Π_r^{ND} 表示无成本分担情况下零售商的利润，Π_r^{YD} 表示实施成本分担契约后零售商的利润。在无成本分担情况下，制造商减排量 e_m 为决策变量，即取最优值 $e_m^* = 1.588$，因此 Π_m^{ND} 和 Π_r^{ND} 分别表示减排量为 1.588 时制造商和零售商的最优利润水平，为了便于比较，在图 5 – 11 中我们用两条平行线表示。在实施成本分担契约后，制造商的利润 Π_m^{YD} 随着制造商减排量 e_m 的增加先上升后降低，零售商的利润 Π_r^{YD} 随着制造商减排量 e_m 的增加而上升。a、b 和 c 分别表示交点 A、B 和 C 对应的横坐标制造商减排量 e_m 的取值。阴影部分表示实施成本分担契约后，制造商和零售商的利润大于无成本分担的情况，从图 5 – 11 中可以看出：当制造商减排量 $a \leqslant e_m \leqslant c$ 时，

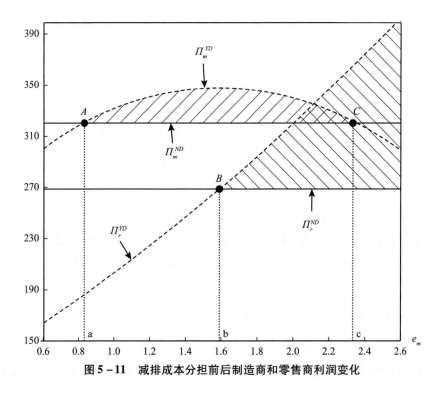

图 5 – 11   减排成本分担前后制造商和零售商利润变化

实施成本分担契约后制造商的利润大于无成本分担情况下的利润；当制造商减排量 $e_m \geq b$ 时，实施成本分担契约后零售商的利润大于无成本分担情况下的利润。取 $a \leq e_m \leq c$ 和 $e_m \geq b$ 的交集，可以得到 $b \leq e_m \leq c$，所以当制造商减排量 $b \leq e_m \leq c$ 时，实施减排成本分担契约能够同时提高制造商和零售商的利润水平。

5.6　本章小结

本章主要研究了制造商和零售商组成的两级供应链，制造商把产品批发给零售商，然后零售商再把这些产成品销售给消费者。本章通过构建一个以制造商作为领导者、零售商作为跟随者的两阶段斯坦伯格博弈模型来研究在制造商减排的基础上两种情况下，即无成本分担和实施成本分担契约下制造商与零售商的最优决策。并使用算例分析的方法分析了碳税与消费者对碳排放敏感度对制造商和供应商最优决策的影响，并且分析了制造商减排量的取值范围，得到以下主要结论：

（1）当制造商减排量满足 $e_m > \dfrac{(d+t)(a-c_m-t\sigma_m)}{4bl_m-(d+t)^2}$ 时，实施成本分担契约后，零售商的最优订货量增加，零售价格降低；反之零售商最优订货量降低，零售价格上升。

（2）制造商的减排量随着碳税的上升先增加后减少，随着碳排放敏感度的上升逐步增加。零售商成本分担率、零售商采购量、制造商利润和零售商利润随着碳税的上升而降低，随着碳排放敏感度的上升而增加。这就告诉我们，碳税不是越高越好，碳税在一定合理范围内能够促使企业减排，但是如果碳税过高，只会给企业增加经营负担，并没有起到减排的作用，因此政府在制定碳税税率时需要充分调研、详细分析、精确计算，得出最佳的碳税税率。消费者对碳排放敏感度越高，制造商的减排量就越高，制造商和零售商的利润就越高，这就说明了提高消费者的碳排放敏感度、强化消费者的低碳意识对降低碳排放对增加制造商与零售商的利润具有正向促进作用。

（3）在实施成本分担契约后，如果制造商的减排量满足一定的约束条件，制造商的利润和零售商的利润会同时增加，实现帕累托最优状态，这就能吸引更多的企业参与到产品的减排中来，促进低碳经济发展。

| 第6章 |

可持续产品设计与供应链网络

6.1 引　　言

近年来，国际社会越来越关注全球气候变暖问题，越来越多的研究表明，人类活动所导致的大气中温室气体浓度的增加是全球气候变暖的主要原因，温室气体（GHG）通过其温室效应促进了全球变暖[218]。《京都议定书》指出温室气体主要有六种，分别是二氧化碳（CO_2）、甲烷（CH_4）、一氧化二氮（N_2O）、六氟化硫（SF_6）、六氟乙烷（C_2F_6）、氢氟烃（HCFs），这些温室气体在促进气候变暖中的作用各不相同。由于二氧化碳是由人类生产制造活动所形成的最常见的温室气体，所以在分析温室气体的影响时我们用二氧化碳来代表其他温室气体[219]。

由于越来越多的消费者和企业都已经逐步认识到可持续产品能够降低对环境的影响、降低碳排放，可持续产品越来越受到大众的欢迎，所以企业在产品设计与生产时必须采取一定的预防性措施，尽量减少碳排放，缓解全球气候变暖的趋势[220]。从法律层面上来看，越来越多的国家开始颁布法律来鼓励可持续产品的设计与生产，例如，欧盟在 2007 年颁布了《用能产品生产设计框架指令》，规定了只有符合该指令相关规定的产品才能进入欧洲市场，成为降低碳排放的有效措施之一[221]。因此可以看出生产低碳产品对企业来讲越来越重要，如何协调降低碳排放的成本和效益两个方面是企业要面临的巨大挑战。

国际能源机构（International Energy Agency，IEA）指出 36% 的碳排放来自制造环节，所以在制造环节提升产品的可持续质量水平、降低制造环节的碳排放是降低碳排放的有效手段之一[222]。在制造环节提升产品的可持续质量水平虽然能够有效降低制造环节的碳排放，但是有可能导致供应链其他环节碳排放上升，例如，制造环节工艺改变有可能导致更换供应商，而供应商改变可能会导致采购环节的碳排放增加，另外，制造环节工艺改变有可能导致回收再处理工艺的改变，这种回收再处理工艺的改变有可能导致回收环节碳排放上升，所以产品的可持续设计要综合考虑产品供应链的采购、制造、分销和回收各个环节。

在可持续供应链网络方面，弗罗塔（Frota）指出可持续供应链网络涉及面很广，需要综合考虑多个行为主体的环境影响、社会福利以及经济利益等因素，是典型的多目标决策问题[223]。雨果（Hugo）提出生命周期评估法是可持续供应链网络设计的根本标准[224]，在此基础上，拉马努金（Ramudhin）等基于生命周期评估法构建了一个多决策期的可持续供应链，并通过混合整数线性规划模型解决了可持续供应链最优设计的问题，最后用一个铝产品供应链的战略性规划案例来进一步证实该模型的有效性[225]。另外还有一些学者研究外部环境政策对可持续供应链网络设计的影响，例如，环境法规、回收政策、温室效应气体排放、碳税、碳排放交易[226]和碳市场[227]等。拉巴特（Labatt）通过研究分析指出，碳税和碳市场被认为是节约成本的最有效的机制[228]。苏布拉曼尼亚（Subramanian）等提出了一种将环境因素集成到供应链管理决策制定框架中的方法，并构建了一个使传统设计规划决策变量（产能、产量和库存）和环境决策变量（产品设计、再制造和生命周期终结）结合在一起的非线性数学规划模型，该研究重点研究了在碳排放限制要求下，各阶段买卖碳信用数量的决策[229]。拉马努金（Ramudhin）第一个提出了碳市场敏感的可持续供应链网络设计决策规划模型，研究结果表明外部控制变量的考虑对可持续供应链的设计决策者来说是非常重要的[230]。在此基础上，拉马努金（Ramudhin）又研究了在不同的环境政策，例如，回收政策和温室效应气体减排政策下的最优可持续供应链设计策略[225]。

但是这些研究主要关注的是可持续供应链网络的设计，都是围绕某种产品或服务进行的，即在生产环节的产品是固定的，而本章把产品的设计作为决策变量，从供应链视角出发研究企业应如何进行可持续产品设计。本章从供应链视角出发的可持续产品设计以产品生命周期评估法为基础，综合考虑从原材料采购、产品生产制造到产品分销及回收再处理的全过程的成本与碳排放，构建了一个混合整数线性规划模型来分析企业应如何进行可持续产品设计，计算得出经济和环境两个方面的帕累托最优，分析出企业在综合考虑经济和环境两个方面的最优产品设计方案，同时也可以得出企业在供应链采购、制造、分销和回收环节的最优决策。同时考虑产品可持续设计可能带来的不确定性，例如，需求的不确定性、回收率的不确定性等对可持续产品设计的影响，我们构建了一个鲁棒优化模型来分析这些不确定性对可持续产品设计的影响，最后用一个来自企业的实际案例来验证我们所提出的模型。

6.2 问题描述与模型假设分析

6.2.1 问题描述

由于不同产品原材料、生产工艺及产品市场都有所不同，这就会导致不同产品的供应链网络也有所差异，而本章主要研究的是某一种产品的可持续设计，所以本章从供应链视角出发的可持续产品设计只围绕一种产品的供应链网络展开。另外可持续设计不但会影响企业在制造环节的成本与碳排放，同时也会影响企业的采购过程（如原材料采购量）、分销过程（如分销中心选择）和回收再制造过程（不能生产工艺生产出的产品会形成不同回收成本和碳排放），所以从供应链视角出发来进行可持续产品设计必须综合考虑供应链采购、制造、分销、回收所有环节，基于以上分析，本章提出了如图6-1所示的基于生命周期评估法的供应链网络结构。

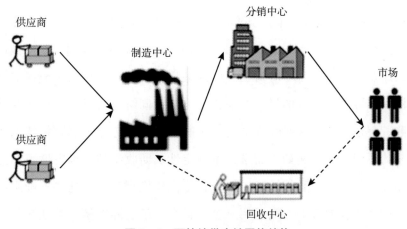

图 6-1 可持续供应链网络结构

图 6 - 1 显示，企业向潜在的供应商购买原材料，然后在制造中心企业选择相应产品的可持续质量水平来进行生产制造，生产制造后的产成品被送到分销中心进行简单处理（如包装），然后分销中心把这些产生品运输到相应的消费者市场进行销售，消费者使用完产品后，有一部分返回品会被收集送到回收中心，回收中心会对这些返回品进行物料分解与恢复，转化成回收物料，分解与恢复结束后会对这些回收物料进行检测，丢弃一些检测不合格的物料，检测合格的回收物料就被送至制造中心用于下一期的产品生产与制造，这样就形成了一个闭环供应链。

6.2.2 模型假设分析

6.2.2.1 模型假设

由于可持续供应链网络结构非常复杂，存在着许多不确定性因素，为了简化模型，抽象出该问题的一般情况，我们对模型作出以下假设：

（1）供应商的原材料生产能力充足，即供应商可以满足企业的原材料采购需求，不存在原材料供应不足的情况。

（2）不同供应商供应的原材料在品质上没有差异，只是在初始碳足迹和价格方面有所差别。

（3）当期必须满足消费者的所有需求，不允许缺货。

（4）产品的市场需求和返回品数量是固定的。

（5）不考虑库存及相关问题。

6.2.2.2 假设合理性

通常情况企业都会选择与几个供应商保持合作关系，供应商能够满足企业的原材料需求是企业在选择供应商的重要衡量标准，不能满足企业原材料需求的供应商企业通常不在企业的备选供应商范围，所以假设（1）存在合理性。

由于市场竞争非常激烈，供应商供应的原材料越来越趋向于同质化，但是供应商供应的原材料由于其原料来源和供应商的生产制造工艺不同，所以会导致不同供应商供应的原材料在价格和初始碳足迹方面会有所不同，因此假设（2）存在合理性。

同时由于市场竞争非常激烈，缺货会导致潜在顾客流失严重，缺货成本较高，所以客户的当期需求必须当期被满足，否则企业将无利可图，因此假设（3）存在合理性。

尽管在现实情况中，产品的市场需求量和返回品数量并不是固定不变的，但是根据历史资料，可以通过一定的预测方法来预测市场需求量，因此同时也可以得到返回品数量，所以假设（4）存在合理性。

库存问题对企业可持续产品设计和供应链网络结构没有影响，所以本章暂时不考虑库存相关成本，因此假设（5）存在合理性。

6.3 模型决策变量与相关参数

本章模型决策变量与相关参数含义，如表6－1所示。

表6－1 相关符号与含义

符号	含义
t	$t \in \{1, \cdots, T\}$，时间段
i	$i \in \{1, \cdots, I\}$，潜在的原材料供应商
j	$j \in \{1, \cdots, J\}$，潜在的制造中心
k	$k \in \{1, \cdots, K\}$，潜在的分销中心
m	$m \in \{1, \cdots, M\}$，潜在的市场
n	$n \in \{1, \cdots, N\}$，潜在的回收中心

符号	含义
PN_{ijt}	第 t 期，由供应商 i 提供给制造中心 j 的原材料总量
MD_{jkt}	第 t 期，从制造中心 j 到分销中心 k 所运输的产成品的总量
DX_{knt}	第 t 期，从分销中心 k 到消费者市场 n 所运输的产成品总量
RX_{mnt}	第 t 期，从消费者市场 n 到回收中心 m 所运输的返回品总量
MR_{jmt}	第 t 期，从回收中心 m 到制造中心 j 所运输的回收物料总量
S_{it}	0－1 变量。第 t 期，如果选择供应商 i，那么该变量值为 1，否则为 0
MC_{jt}	0－1 变量。第 t 期，如果选择制造中心 j 来进行生产制造，那么该变量值为 1，否则为 0
DC_{kt}	0－1 变量。第 t 期，如果选择分销中心 k 来分销配送产成品，那么该变量值为 1，否则为 0
RC_{mt}	0－1 变量。第 t 期，如果选择回收中心 m 来回收再处理返回品，那么该变量值为 1，否则为 0
θ_t	第 t 期的回收率
σ_{mt}	第 t 期，回收中心 m，回收物料的丢弃率
γ	从回收物料到产成品的转换系数
ω	产品中回收物料所占比率
Δ	产成品的重量
d_{nt}	第 t 期，消费者市场 n 的需求量
τ	可持续水平
$\overline{msc}_{it}$	第 t 期，供应商 i 的最大供应能力
$\overline{mmc}_{tj}$	第 t 期，制造中心 j 的最大生产能力
$\overline{mdc}_{kt}$	第 t 期，分销中心 k 的最大分销配送能力
$\overline{mrc}_{mt}$	第 t 期，回收中心 m 的最大回收再处理能力
fs_i	与供应商 i 建立长期合作关系的固定成本
fm_j	制造中心 j 的固定运营成本
fd_k	分销中心 k 的固定运营成本
fr_m	回收中心 m 的固定运营成本
ps_{ijt}	第 t 期，制造中心 j 从供应商 i 购买原材料的单位购买价格
pp_{kt}	第 t 期，分销中心 k 的单位分销成本
pr_{mnt}	第 t 期，回收中心 m 从消费者市场 n 购买返回品的单位购买价格
pt_t	第 t 期，单位重量单位距离的运输成本

符号	含义
pd_{mt}	第 t 期，回收中心 m 丢弃无用回收物料的单位丢弃成本
prr_{mt}	第 t 期，回收中心 m 回收物料的单位再生成本
lsm_{ij}	从供应商 i 到制造中心 j 的最短距离
lmd_{jk}	从制造中心 j 到分销中心 k 的最短距离
ldx_{kn}	从分销中心 k 到消费者市场 n 的最短距离
lxr_{nm}	从消费者市场 n 到回收中心 m 的最短距离
lrm_{mj}	从回收中心 m 到制造中心 j 的最短距离
cn_{ijt}	第 t 期，制造中心 j 从供应商 i 购买原材料的单位初始碳足迹
crr_{mt}	第 t 期，回收中心 m 回收物料的单位再生碳排放
crd_{mt}	第 t 期，回收中心 m 丢弃无用回收物料的单位碳排放
ct_t	第 t 期，单位重量单位距离的运输过程中所产生的碳排放

6.4　确定模型构建

这个模型可以被看作是一个多目标模型，其中经济目标函数（用 *TCF*）表示，它评估了整个供应链有关产品制造和供应所产生的总运作成本，而环境目标函数（用 *TEF* 表示），它评估了从采购、制造、分销配送到回收再处理全过程的碳排放。该目标函数有助于企业在可持续产品设计时综合考虑可持续产品设计对整个供应链各环节的成本与碳排放的影响，实现经济目标和环境目标的最优平衡。

6.4.1　经济目标

经济成本（*TCF*）包括四个组成部分，分别是采购成本（*PCF*）、制造成本（*MCF*）、分销成本（*DCF*）和回收成本（*RCF*）。

6.4.1.1 采购成本函数（*PCF*）

$$PCF = \sum_{i=1}^{I} fs_i S_i + \sum_{i=1}^{I} \sum_{j=1}^{J} \sum_{t=1}^{T} ps_{ijt} PN_{ijt} + \sum_{i=1}^{J} \sum_{j=1}^{J} \sum_{t=1}^{T} pt_t lsm_{ij} PN_{ijt}$$

$$+ \sum_{m=1}^{M} \sum_{j=1}^{J} \sum_{t=1}^{T} pt_t lrm_{mj} MR_{jmt}$$

采购成本是指获得原材料和回收物料所发生的相关成本，由四个部分组成：第一，与供应商建立长期合作关系的所发生的固定订货成本，即上式中的第一项；第二，原材料的购买成本，等于原材料的单位购买价格乘以购买总量，即上式中的第二项；第三，从供应商到制造中心的原材料运输成本，等于从供应商到制造中心的距离、原材料的购买总量以及单位运输成本的乘积，即上式中的第三项；第四，回收物料从回收中心到制造中心的运输成本，等于单位运输成本乘以从回收中心到制造中心的距离乘以回收物料的总量，即上式中的第四项。

6.4.1.2 制造成本函数（*MCF*）

$$MCF = \sum_{j=1}^{J} fm_j + \sum_{j=1}^{J} \sum_{t=1}^{T} mmc(\tau, \sum_{k=1}^{K} MD_{jkt})$$

制造成本是指产品生产制造过程中所发生的成本，由两个部分组成：第一，制造中心的固定开启成本，即上式中的第一项；第二，固定投资成本和产品的变动生产成本，即上式中的第二项。

6.4.1.3 分销成本函数（*DCF*）

$$DCF = \sum_{k=1}^{K} fd_k DC_k + \sum_{k=1}^{K} \sum_{j=1}^{J} \sum_{t=1}^{T} pp_{kt} MD_{jkt} + \sum_{k=1}^{K} \sum_{j=1}^{J} \sum_{t=1}^{T} pt_t \Delta lmd_{jk} MD_{jkt}$$

$$+ \sum_{k=1}^{K} \sum_{n=1}^{N} \sum_{t=1}^{T} pt_t \Delta ldx_{kn} DX_{knt}$$

分销成本从制造中心到各市场分销产成品的成本，由四个部分组成：第一，分销中心的固定运营成本，即上式中的第一项；第二，分销中心的变动分销成本，等于分销中心的单位分销成本乘以总分销量即上式中的第二项；第三，产成品从制造中心到分销中心的运输成本，等于产品重量、总分销量、从制造中心到分销中心的距离和单位路程单位重量的运输成本的乘积，即上式中的第三项；第四，产成品的从分销中心到市场的运输成本，等于产品重量、总分销量、从分销中心到各消费者市场的距离和单位路程单位重量的运输成本的乘积，即上式中的第四项。

6.4.1.4　回收成本函数（RCF）

$$RCF = \sum_{m=1}^{M} fr_m RC_m + \sum_{m=1}^{M} \sum_{n=1}^{N} \sum_{t=1}^{T} pr_{mnt} RX_{mnt} + \sum_{m=1}^{M} \sum_{n=1}^{N} \sum_{t=1}^{T} pt_t \Delta lxr_{mn} RX_{mnt}$$

$$+ \sum_{m=1}^{M} \sum_{j=1}^{J} \sum_{t=1}^{T} prr_{mt} MR_{jmt} + \sum_{m=1}^{M} \sum_{t=1}^{T} pd_{mt} \left(\Delta \sum_{n=1}^{N} RX_{mnt} - \sum_{j=1}^{J} MR_{jmt} \right)$$

回收成本表示回收返回品成本和丢弃回收的无用回收物料成本，由五个部分组成：第一，回收中心的固定运营成本，即上式中的第一项；第二，返回品的购买成本，等于返回品的单价乘以返回品总量，即上式中的第二项；第三，返回品的运输成本，等于单位路程单位重量的运输成本、产品重量、总回收量和从各消费者市场到回收中心的距离的乘积，即上式中的第三项；第四，回收物料的再生成本，等于回收物料的单位再生成本乘以回收物料的总量，即上式中的第四项；第五，无用回收物料的丢弃成本，等于回收物料的丢弃成本乘以回收物料的丢弃总量，即上式中的第五项。

经济目标函数为：

$$\text{Minimize } TCF = PCF + MCF + DCF + RCF$$

6.4.2　环境目标

我们用碳排放来衡量环境目标，碳排放（TEF）主要来自供应链的以下几个环节：采购、制造、分销和回收环节。由于分销中心存储及包装活动造成的碳排放相比采购、制造和回收等环节的碳排放来说小得多，所以模型中可以忽略不计，分销环节的碳排放主要来自产品运输配送过程。

6.4.2.1　采购碳排放函数（PEF）

$$PEF = \sum_{i=1}^{I}\sum_{j=1}^{J}\sum_{t=1}^{T} cn_{ijt}PN_{ijt} + \sum_{i=1}^{I}\sum_{j=1}^{J}\sum_{t=1}^{T} ct_t lsm_{ij}PN_{ijt} + \sum_{m=1}^{M}\sum_{j=1}^{J}\sum_{t=1}^{T} ct_t lrm_{mj}MR_{jmt}$$

采购碳排放是指获得原材料和回收物料所发生的相关碳排放，由三个部分组成：第一，原材料的初始碳足迹，等于原材料的单位初始碳足迹乘以从供应商处购买原材料总量，即上式中的第一项；第二，原材料从供应商到制造中心的运输过程中的碳排放，等于单位运输碳排放乘以从供应商到制造中心的距离乘以原材料的购买总量，即上式中的第二项；第三，回收物料从回收中心到制造中心的运输碳排放，等于单位运输碳排放乘以从回收中心到制造中心的距离乘以回收物料的总量，即上式中的第三项。

6.4.2.2　制造碳排放函数（MEF）

$$MEF = \sum_{j=1}^{J}\sum_{t=1}^{T} cmc(\tau, \sum_{k=1}^{K} MD_{jkt})$$

制造碳排放表示产品在制造过程中所产生的碳排放，等于产品的生产总量乘以产品制造的单位碳排放量。

6.4.2.3　分销碳排放函数（DEF）

$$DEF = \sum_{k=1}^{K}\sum_{j=1}^{J}\sum_{t=1}^{T} ct_t \Delta lmd_{jk}MD_{jkt} + \sum_{k=1}^{K}\sum_{n=1}^{N}\sum_{t=1}^{T} ct_t \Delta ldx_{kn}DX_{knt}$$

分销碳排放从制造中心到各市场分销产成品的过程中产生的碳排放，由两个部分组成：第一，从制造中心到分销中心的产成品的运输过程中产生的碳排放，即上式中的第一项；第二，从分销中心到市场的产成品的运输过程中产生的碳排放，即上式中的第二项。

6.4.2.4 回收碳排放函数（REF）

$$REF = \sum_{m=1}^{M} \sum_{n=1}^{N} \sum_{t=1}^{T} ct_t \Delta lxr_{mn} RX_{mnt} + \sum_{m=1}^{M} \sum_{j=1}^{J} \sum_{t=1}^{T} crr_{mt} MR_{jmt}$$

$$+ \sum_{m=1}^{M} \sum_{t=1}^{T} cd_{mt} (\Delta \sum_{n=1}^{N} RX_{mnt} - \sum_{j=1}^{J} MR_{jmt})$$

回收碳排放表示回收返回品和丢弃无用回收物料过程中所产生的碳排放，由三个部分组成：第一，返回品运输过程所产生的碳排放，等于单位路程单位重量的运输碳排放、产品重量、总回收量和从各消费者市场到回收中心的距离的乘积，即上式中的第一项；第二，回收物料的再生过程中所产生的碳排放，等于回收物料单位再生碳排放乘以回收物料总量，即上式中的第二项；第三，丢弃无用回收物料过程中所产生的碳排放，等于回收物料单位丢弃碳排放乘以回收物料的丢弃总量，即上式中的第三项。

环境目标函数为：

$$\text{Minimize } TEF = PEF + MEF + DEF + REF$$

6.4.3 模型约束条件

6.4.3.1 供应商约束

$$\sum_{j=1}^{J} PN_{ijt} \le \overline{msc} S_{it}, \quad \forall i \in \{1, \cdots, I\}, \quad \forall t \in \{1, \cdots, T\} \quad (6-1)$$

$$S_{i(t-1)} \le S_{it}, \quad \forall i \in \{1, \cdots, I\}, \quad \forall t \in \{1, \cdots, T\} \quad (6-2)$$

约束条件（6-1）是供应商能力约束，反映了企业从供应商处购买原材料的总量不能超过供应商的最大供应能力。

约束条件（6-2）是常规约束，反映了一旦企业选择与某个供应商合作，那么在整个决策周期内都会与该供应商合作。

6.4.3.2 制造中心约束

$$\sum_{k=1}^{K} MD_{jkt} \leq \overline{mmc_{jt}} MC_{jt}, \quad \forall j \in \{1, \cdots, J\}, \quad \forall t \in \{1, \cdots, T\} \quad (6-3)$$

$$\sum_{i=1}^{I} PN_{ijt} + \sum_{m=1}^{M} MR_{jmt} = \gamma \sum_{k=1}^{K} MD_{jkt}, \quad \forall j \in \{1, \cdots, J\}, \quad \forall t \in \{1, \cdots, T\}$$

$$(6-4)$$

$$\sum_{m \in K} MR_{jmt} \leq \omega \left(\sum_{i \in I} PN_{ijt} + \sum_{m \in M} MR_{jmt} \right), \quad \forall j \in \{1, \cdots, J\}, \quad \forall t \in \{t, \cdots, T\}$$

$$(6-5)$$

$$MC_{j(t-1)} \leq MC_{jt}, \quad \forall j \in \{1, \cdots, J\}, \quad \forall t \in (1, \cdots, T) \quad (6-6)$$

约束条件（6-3）是制造中心生产能力约束，反映了制造中心的实际产品产量不超过该制造中心的最大生产能力。

约束条件（6-4）是制造中心物料消耗等式约束。反映了制造中心消耗的原材料和回收物料的总量等于生产单位产品消耗该种物料的总量乘以制造中心该种产品的生产总量。

约束条件（6-5）表示一个产成品中回收物料使用量的最高比例要求。反映了产成品中回收物料使用量不能超过生产该种产品回收物料的最大允许使用量。

约束条件（6-6）是常规约束，反映了一旦企业选择某个制造中心，那么在整个决策周期内都会选择该制造中心。

6.4.3.3 分销中心约束

$$\sum_{n=1}^{N} DX_{knt} \leq \overline{mdc_{kt}} DC_{kt}, \quad \forall k \in \{1, \cdots, K\}, \quad \forall t \in \{1, \cdots, T\} \quad (6-7)$$

$$\sum_{k=1}^{J} MD_{jkt} = \sum_{n=1}^{N} DX_{knt}, \quad \forall k \in \{1, \cdots, K\}, \quad \forall t \in \{1, \cdots, T\} \quad (6-8)$$

$$DC_{k(t-1)} \leqslant DC_{kt}, \ \forall k \in \{1, \cdots, K\}, \ \forall t \in \{1, \cdots, T\} \qquad (6-9)$$

约束条件（6-7）是分销中心分销配送能力约束，反映了分销中心分销配送产品的总量不超过该分销中心的最大分销能力。

约束条件（6-8）约束了分销中心产品流量平衡，表示从制造中心运输到各分销中心的产品总量之和等于从该分销中心运往各消费者市场的产品总量。

约束条件（6-9）是常规约束，反映了一旦企业选择某个分销中心，那么在整个决策周期内都会选择该分销中心来分销配送产品。

6.4.3.4　消费者市场约束

$$\sum_{k=1}^{K} DX_{knt} \geqslant d_{nt} \ \forall n \in \{1, \cdots, N\}, \ \forall t \in \{1, \cdots, T\} \qquad (6-10)$$

约束条件（6-10）是各消费者市场的需求约束。根据模型假设，消费者的当期需求必须被当期满足，因此，从分销中心运往各消费者市场的产品总量应该大于等于市场的产品需求量。

6.4.3.5　回收中心约束

$$\sum_{n=1}^{N} RX_{mnt} \leqslant \overline{mrc_{mt}} EC_{mt}, \ \forall m \in \{1, \cdots, M\}, \ \forall t \in \{1, \cdots, T\}$$

$$(6-11)$$

$$\sum_{m=1}^{M} TX_{mnt} = \theta_t d_{n(t-1)}, \ \forall n \in \{1, \cdots, N\}, \ \forall t \in \{1, \cdots, T\} \qquad (6-12)$$

$$\sum_{m \in M} MR_{jmt} \leqslant (1 - \sigma_{mt}) \Delta \sum_{n \in N} RX_{mnt}, \ \forall m \in \{1, \cdots, M\}, \ \forall t \in \{1, \cdots, T\}$$

$$(6-13)$$

$$RC_{m(t-1)} \leqslant RC_{mt}, \ \forall m \in \{1, \cdots, M\}, \ \forall t \in \{1, \cdots, T\} \qquad (6-14)$$

约束条件（6-11）是回收中心回收再处理能力约束，反映了回收中心回收再处理的返回品的总量不超过该回收中心的最大回收再处理能力。

约束条件（6-12）是回收中心返回品总量等式约束，反映了从消费者市场返回到回收中心的返回品总量等于产品的回收率乘以产品的市场需求量。

约束条件（6-13）是回收中心回收物料转化约束，反映了回收中心回收物料的总量小于等于从市场到回收中心返回品总量乘以从返回品到回收物料的转化率，再乘以1减去回收物料的丢弃率。

约束条件（6-14）是常规约束，反映了一旦企业选择某个回收中心，那么在整个决策周期内都会选择该回收中心来回收再处理返回品。

6.4.3.6　选择性约束

$$\sum_{i=1}^{I} s_{it} \leqslant 1 , \quad \forall t \in \{1, \cdots, T\} \tag{6-15}$$

$$\sum_{j=1}^{J} MC_{jt} \geqslant 1 , \quad \forall t \in \{1, \cdots, T\} \tag{6-16}$$

$$\sum_{k=1}^{K} DC_{kt} \geqslant 1 , \quad \forall t \in \{1, \cdots, T\} \tag{6-17}$$

$$\sum_{m=1}^{M} RC_{mt} \geqslant 1 , \quad \forall t \in \{1, \cdots, T\} \tag{6-18}$$

约束条件（6-15）至约束条件（6-18）反映了企业在多个供应链各环节潜在的合作伙伴至少选择一个。约束条件（6-15）反映企业在多个供应商中至少选择一个，约束条件（6-16）反映企业在多个制造中心中至少选择一个，约束条件（6-17）反映企业在多个分销中心中至少选择一个，约束条件（6-18）反映企业在多个回收中心中至少选择一个。

6.4.3.7　0-1变量约束

$$S_{it} \in \{0, 1\}, \ MC_{jt} \in \{0, 1\}, \ DC_{kt} \in \{0, 1\}, \ RC_{mt} \in \{0, 1\} \tag{6-19}$$

约束条件（6-19）反映了相关变量为0-1变量。

6.4.3.8 非负约束

$$PN_{ijt}, MD_{jkt}, DX_{knt}, RX_{mnt}, MR_{jmt} \geq 0, \quad \forall i \in \{1, \cdots, I\}, \quad \forall j \in \{1, \cdots, J\},$$

$$\forall k \in \{1, \cdots, K\}, \quad \forall m \in \{1, \cdots, M\}, \quad \forall n \in \{1, \cdots, N\}, \quad \forall t \in \{1, \cdots, T\}$$

$$(6-20)$$

约束条件（6-20）反映了相关变量为非负变量。

6.5 基于鲁棒优化的可持续产品设计

本节的可持续产品设计的供应链网络运作流程与第6.4节一致，具体的供应链网络结构如图6-1所示。

与第6.4节问题一致。企业向潜在的供应商购买原材料，然后在制造中心企业选择相应产品的可持续质量水平来进行生产制造，生产制造后的产成品被送到分销中心进行简单处理（如包装），然后分销中心把这些产生品运输到相应的消费者市场进行销售，消费者使用完产品后，有一部分返回品会被收集送到回收中心，回收中心会对这些返回品进行物料分解与恢复，转化成回收物料，分解与恢复结束后会对这些回收物料进行检测，丢弃一些检测不合格的物料，检测合格的回收物料就被送至制造中心用于下一期的产品生产与制造，这样就形成了一个闭环供应链。

区别于第6.4节，本节考虑不确定性因素下的可持续产品设计，包括市场需求量、回收率、丢弃率、回收物料所占比例。研究可持续产品设计可能会导致市场需求量、回收率、丢弃率和回收物料所占比例的不确定性。

利用数学模型解决不确定因素下的可持续产品设计的方法主要有两种，一种是随机规划，另一种是鲁棒优化。海德曼（Heymand）和辛普森（Simpson）提出了随机规划模型，海德曼（Heymand）主要研究了连续时间的随机需求问题[231]，而辛普森（Simpson）主要研究了离散时间内的随机需求问题[232]。最近里森缇（Listes）和萨莱马（Salema）也把随机规划方法应用到逆向供应链网络设计中[233-234]。但是沙曼（Saman）指出使用随机规划方法主要有三个缺点：第一，在很多实际案例中，由于缺乏关于不确定参数的历史数据，所以无法获得这些不确定参数的概率分布；第二，随机规划中把一些解融入随机优化的一些可能情况中，因此一些解决方案在现实中是不可行的，虽然发生的概率较小，但一旦发生会导致较高的成本；第三，最近一些关于不确定条件下的供应链网络设计问题主要通过基于场景的随机优化来建模，在这种情况下，就要构建许多场景来描述不确定性，因此模型规模较大，这将给模型求解带来一定的挑战[235]。

作为替代，索伊斯特（Soyster）在 1973 年首次提出鲁棒优化模型，他通过考虑最坏情况引入了一个不确定数据集来处理不确定参数[236]。从那时开始起，鲁棒优化成功应用在处理供应链网络的不确定数据方面[237-239]。于（Yu）等构建了一个高效的鲁棒性优化模型，这个模型的最优解对情景数据不太敏感，同时用两个物流案例验证了这个模型的计算效率[240]。梁（Leung）进一步应用这个模型去解决生产计算问题，但是参数的不确定水平和系统的不确定水平在场景中无法得到控制[241]。"最小-最大"准则通过最小化成本函数来防止最坏情况发生，本-塔尔（Ben-Tal）把这种方法应用到鲁棒优化的多周期随机运营管理的问题中[242]。在此基础上，皮什瓦（Pishvae）还提出了构建了一个基于"最小-最大"准则的模型来处理输入不确定性输入数据的闭环供应链网络设计问题，并比较了确定性模型获得的最优解决方案和不同的系统的不确定性水平下鲁棒性优化模型获得的解决方案[243]。基于前人的研究，本章使用"最小-最大"准则来处理鲁棒优化模型。

由于可持续质量水平的提升可能会使产品价格上升以及产品其他性能产

生变化，这就会导致消费者偏好的不确定性，一部分消费者由于可持续质量水平的提升变得更加愿意购买产品，而另一些消费者可能由于可持续质量水平的提升变得不愿意购买产品，回收率、丢弃率和回收物料所占比例也会随着可持续质量水平变化幅度的增加而发生更大的波动。所以为了构建与第6.4节所提出的混合整数线性规划模型（MOMILP）所对应的鲁棒优化模型，在本节中，我们主要考虑市场需求、平均回收率、丢弃率以及回收物料所占比例几个不确定参数，并且假设随着可持续水平的不断提升，不确定性越来越高。

因此，假设这些参数的不确定性参数与可持续质量水平正相关，在一个指定的封闭的有界集内变化[244]。这种不确定性集的一般形式可表示为：

$$\mu_{Set} = \{ \xi \in R^{+} : |\xi^{(\tau)} - \xi^{(\bar{\tau})}| \leq \rho_{\xi}(\tau - \bar{\tau}), \ \underline{\tau} \leq \tau \leq \bar{\tau} \}$$

其中，$\xi^{(\bar{\tau})}$ 表示可持续质量水平最小时 $\xi^{(\tau)}$ 的名义值，$\rho_{\xi} > 0$ 表示可持续产品设计所导致的不确定水平。不确定性集合 μ_{Set} 表示向量 ξ 的变化，它与可持续水平正相关。

第6.4节的混合整数线性规划模型中只有约束条件（6-5）、约束条件（6-10）、约束条件（6-12）、约束条件（6-13）含有不确定参数，而其他约束条件并不含有不确定参数，所以我们把上述四个约束条件进行改写称为相应的鲁棒约束条件，其他约束条件不变，具体改写如下所述。

约束条件（6-5）和约束条件（6-13）含有不确定参数，所以约束条件（6-5）和约束条件（6-13）可以改写为对应的鲁棒约束条件为：

$$\sum_{m \in M} MR_{jmt} \leq [\omega^{(\bar{\tau})} + \rho_{\omega}(\bar{\tau} - \tau)] (\sum_{i \in I} PN_{ijt} + \sum_{m \in M} MR_{imt}),$$
$$\forall j \in \{1, \cdots, J\}, \ \forall t \in \{1, \cdots, T\} \tag{6-21}$$

$$\sum_{m \in M} MR_{jmt} \leq [\omega^{(\bar{\tau})} - \rho_{\omega}(\bar{\tau} - \tau)] (\sum_{i \in I} PN_{ijt} + \sum_{m \in M} MR_{jmt}),$$
$$\forall j \in \{1, \cdots, J\}, \ \forall t \in \{1, \cdots, T\} \tag{6-22}$$

$$\sum_{m \in M} MR_{jmt} \leq [1 - \sigma_{mt}^{(\bar{\tau})} - \rho_{\sigma}(\bar{\tau} - \tau)] \Delta \sum_{n \in N} RX_{mnt},$$

$$\forall\, m \in \{1, \cdots, M\},\ \forall\, t \in \{1, \cdots, T\} \qquad (6-23)$$

$$\sum_{m \in M} MR_{jmt} \leqslant \left[1 - \sigma_{mt}^{(\bar{\tau})} + \rho_\sigma (\bar{\tau} - \tau) \right] \Delta \sum_{n \in N} RX_{mnt},$$

$$\forall\, m \in \{1, \cdots, M\},\ \forall\, t \in \{1, \cdots, T\} \qquad (6-24)$$

约束条件（6-10）的不确定参数不在决策变量里，所以约束条件（6-10）可以改写为对应的鲁棒优化约束条件为：

$$\sum_{m \in M} DR_{knt} \geqslant d_{nt}^{(\bar{\tau})} + \rho_d (\bar{\tau} - \tau),\ \forall\, n \in \{1, \cdots, N\},\ \forall\, t \in \{1, \cdots, T\}$$

$$(6-25)$$

约束条件（6-12）含有两个不确定参数，所以约束条件（6-12）可以改写为对应的鲁棒优化约束条件为：

$$\sum_{m \in M} RX_{mnt} \geqslant \theta_t^{(\bar{\tau})} d_{n(t-1)}^{(\bar{\tau})} + \rho_d \rho_\theta (\bar{\tau} - \tau)^2 - (\rho_d \theta_t^{(\bar{\tau})} + \rho_\theta d_{n(t-1)}^{(\bar{\tau})})(\bar{\tau} - \tau),$$

$$\forall_n \in \{1, \cdots, N\},\ \forall\, t \in \{1, \cdots, t\} \qquad (6-26)$$

$$\sum_{m \in M} RX_{mnt} \geqslant \theta_t^{(\bar{\tau})} d_{n(t-1)}^{(\bar{\tau})} + \rho_d \rho_\theta (\bar{\tau} - \tau)^2 + (\rho_d \theta_t^{(\bar{\tau})} + \rho_\theta d_{n(t-1)}^{(\bar{\tau})})(\bar{\tau} - \tau),$$

$$\forall_n \in \{1, \cdots, N\},\ \forall\, t \in \{1, \cdots, T\} \qquad (6-27)$$

6.6 案例描述

21 世纪以来，软饮料业的市场规模越来越大。根据欧睿数据（Euromonitor）软饮料工业的统计数据，软饮料 2013 年的市场份额增长超过 4%，销售额增长超过 5%。不同品牌的软饮料通过使用不同的包装方式来吸引消费者，易拉罐、玻璃瓶和 PET 瓶是常见的软饮料包装方式。通过与其他两种包装方式的对比，PET 瓶具有耐化学性、透明性和可循环利用很多次等很多优点。同时 PET 瓶在原材料采购、制造过程和运输过程消耗的能量和产生的碳排放也比其他两种方式少，图 6-2 表示了不同包装方式的能量消耗与碳排放。正是由于 PET 瓶具有以上优点，全世界一半以上的软饮料都使用 PET 瓶的包装方式，并且以每年 1.15% 的速度增长。

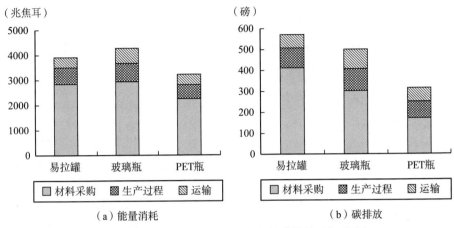

图 6-2　不同包装方式的能量消耗与碳排放（每千个）

在我国，有很多企业生产和销售不同规格的 PET 瓶装软饮料。为了控制这些企业生产和运作过程中产生过多的碳排放，关于碳排放总量管制的法律法规即将出台限制这些企业的总碳排放。而如今，市场竞争越来越激烈，对可持续性和绿色生产工艺的关注度越来越高，这些都要求企业在产品设计方面进行技术创新，这些创新能降低能量消耗、成本和碳排放。

减重工艺是能够实现上述目标的方式之一，因为减重工艺不仅能够降低 PET 切片的使用量，还能够降低生产过程中的变动成本和碳排放。在分销过程中由于减重工艺降低了产品总重量，进而也能够降低分销成本。但企业面临生产线改变所导致的较高的固定成本，同时由于工艺限制，PET 瓶的最低重量也是在减重工艺中不可忽视的重要约束。减重工艺代表了企业产品的可持续水平，瓶子重量越小，产品的可持续水平越高，因此本章使用减重工艺来验证上文所提出的模型的有效性。

位于我国厦门的一家生产、销售和回收知名品牌的 PET 瓶装饮料企业是本案例的主要研究对象。考虑到未来在碳排放方面的法律限制，该企业逐步开始关注可持续发展问题和实施相关的碳减排计划。

一般来说，企业从供应商处购买配料和初级切片两种原材料。在制造中心通过瓶坯制造（注坯）、瓶身制造（吹瓶）和饮料灌装与包装（灌装）三个过程完成饮料的工作。然后产成品送往分销中心进行储存，之后再由分销中心配送到各消费者市场。产品被消费者使用完后，有一部分废旧产品会被收集到回收中心，然后在回收中心进行分解、测试和丢弃。一些有价值的切片用来制造新 PET 瓶，但是回收切片所占比例是有限的。

500 毫升的某种软饮料是该公司的核心产品，现在的该饮料的 PET 瓶重量是 32 克。由于减重技术限制，该种饮料的 PET 瓶的最低重量为 11 克。同时在饮料灌装和包装过程中，有两种技术可供选择，一种是热灌装工艺，另一种是无菌冷灌装工艺。当 PET 瓶重量大于等于 18 克时，使用热灌装工艺；当 PET 瓶重量小于 18 克时，使用无菌冷灌装工艺。

根据企业的内容部统计报告，制造过程中的固定成本、变动成本和变动碳排放主要包括瓶坯制造、瓶身制造和饮料灌装与包装三个主要过程。其中，瓶坯制造生产线的成本与碳排放与 PET 瓶重量有关；瓶身制造生产线的固定成本、变动成本及碳排放是一个常数，与瓶子重量无关；饮料灌装生产线固定成本、变动成本及碳排放与瓶子重量无关，但是与所选的灌装工艺有关。图 6 - 3 中，X 轴表示 PET 瓶重量，Y 轴分别表示瓶坯制造生产线固定成本、变动成本和变动碳排放。实线表示从企业所获得的原始数据，虚线是本章通过线性回归拟合所得的数据，可以用以下公式表示：

$$Y_{pmf} = -39.424605X + 1632.004 (R^2 = 0.9889)$$
$$Y_{pmv} = 0.0013437X - 0.0183348 (R^2 = 0.9783)$$
$$Y_{cmv} = 0.03006X - 0.31561 (R^2 = 0.9783)$$

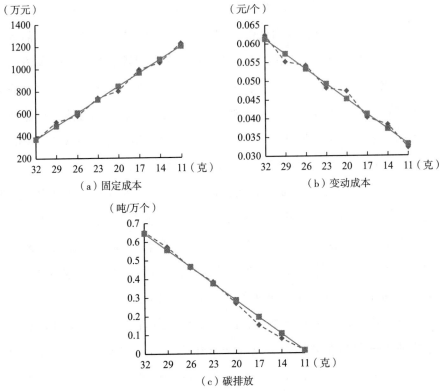

图 6 - 3　瓶子重量与固定成本、变动成本和变动碳排放的关系

注：虚线表示瓶坯制造环节 PET 瓶重量与固定成本、变动成本和变动碳排放之间的线性关系。

另外，还应考虑由于热灌装工艺和无菌冷灌装工艺导致的固定成本、变动成本和变动碳排放之间差异。考虑各环节成本和排放，以 PET 瓶重量和 PET 瓶装软饮料产量作为参数，制造成本函数（6 - 28）和制造碳排放函数（6 - 29）可以用以下公式表示：

$$mmc(\tau, Q) = \begin{cases} \alpha_0 + \alpha_1\tau + (\alpha_2 + \alpha_3\tau)Q, & \tau \geqslant \tau^{(s)} \\ \alpha_0 + \alpha_4 + \alpha_1\tau + (\alpha_0 + \alpha_5 + \alpha_2\tau)Q, & \tau < \tau^{(s)} \end{cases} \quad (6-28)$$

$$cmc(\tau, Q) = \begin{cases} (\beta_0 + \beta_1\tau)Q, & \tau \geqslant \tau^{(s)} \\ (\beta_0 + \beta_2 + \beta_1\tau)Q, & \tau < \tau^{(s)} \end{cases} \quad (6-29)$$

　　根据估计得到的固定成本、变动成本和变动碳排放线性函数，参数 α_0、α_2 和 β_0 分别表示截距，参数 α_1、α_3 和 β_1 表示斜率，参数 α_4、α_5 和 β_2 表示热灌工艺与无菌冷灌工艺在固定成本、变动成本和变动碳排放方面的差距，$\tau^{(s)}$ 表示由热灌工艺变为无菌冷灌装工艺 PET 瓶重的临界点。

　　图 6-4 表示 500 毫升 PET 瓶装饮料的供应链网络。该企业只有一个与其有长期合作关系的配料供应商，同时配料采购与减重问题没有关系，所以本章不考虑配料的采购、相关成本和排放问题。在供应链中，供应商、分销中心和回收中心都有两个可供选择，其中一个经济成本较低，另一个碳排放较低。

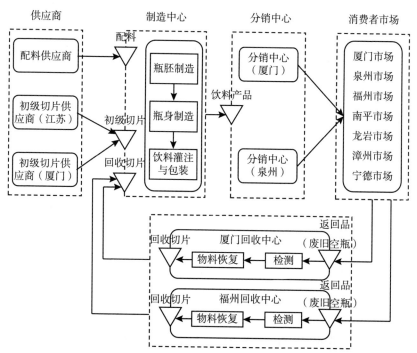

图 6-4　500 毫升 PET 瓶装软饮料的供应链网络结构

6.7　模型求解及管理解析

6.7.1　确定模型求解及管理解析

为了便于结合模型来进行计算和分析，本章对一部分数据进行了简化处理，并将可持续产品设计的决策周期分为 6 期，案例的详细数据见本书附录。使用一台 Intel（R）Core（TM）2.40GHz、4GB RAM 的计算机，通过 CPLEX 12 软件对上文所提出的多目标混合整数线性规划模型求解，可以得到上述模型的所有最优解。模型最优解时的帕累托曲线如图 6–5 所示。

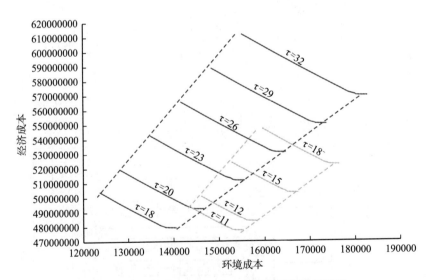

图 6–5　确定模型中经济与环境视角的帕累托最优

总体上来看，不管 PET 瓶重量 τ 等于多少，经济成本和环境成本都是矛盾的。当刚开始减重时，PET 瓶重量从 32 克降低到 18 克时，帕累托最优曲线向左移动，此时经济成本和环境成本同时下降，由实线表示。但是 PET 瓶重量继续降低时，额外增加的固定成本、变动成本和变动碳排放导致经济和环境成本显著增加，这主要是因为灌装工艺由热灌装工艺变为无菌冷灌工艺。因此实线帕累托最优曲线 $\tau = 18$ 移动到虚线帕累托最优曲线 $\tau = 18^-$。但是当灌装工艺切换之后，减重同时又实现经济和环境同时最优。

所有得到的帕累托最优解可以分为实线（$\tau \geqslant 18$）和虚线（$\tau < 18$）两个帕累托区域。PET 瓶的最佳重量总是 18 克和 11 克，它们分别是实线和虚线区域的最底线。当碳排放限额小于 1.519×10^5 时，PET 瓶的最优重量是 18 克；当碳排放限额大于 1.519×10^5，PET 瓶的最佳重量是 11 克

未来如果减重工艺进一步发展，能够实现低于 11 克的瓶子重量时，碳排放临界值会进一步降低，但是不管瓶子重量能够达到多少，当碳排放限额相对较低时，18 克的瓶子重量仍然是最佳选择。但是当碳排放限额小于 1.236×10^5，减重工艺技术选择及供应链网络设计都将变得不可行。此外，从热灌装转向无菌冷灌装过程影响虚线帕累托最优区域的位置，所选的 PET 瓶的重量（仍然 11 克或 18 克）和相应的网络设计策略也可能改变。

同时，我们发现当 PET 瓶重量相对较低时，更多地考虑碳排放所导致经济成本的上升幅度比瓶子重量较高时小。因此当 PET 瓶重量较小时，采购、制造、分销及回收环节供应链网络的重新设计对经济和环境成本影响较小。

表 6 - 2 表示不同重量 PET 瓶供应链各环节选址决策发生变化的关键点。总体上来看，不管 PET 瓶重量是多少，供应链各环节的选址决策对供应链的经济和环境成本都有较大影响。随着各条帕累托曲线从较低的 TCF 向较低的 TEF 移动时，意味着碳排放的限制越来越严格，供应商选择从江苏供应商变为厦门供应商，分销中心选择从单独的厦门分销中心变为同时选择厦门和泉州两个分销中心，回收中心选择从福州回收中心变为厦门回收中心。

表 6－2　　供应链选址决策改变的关键点

供应商	分销中心	回收中心	32 克		26 克		18 克		18⁻ 克		15 克		11 克	
			TCF	TEF	TCF	TEF	TCF	TEF	TCF	TEF	TCF	TEF	TCF	TEF
江苏	厦门	福州	5.695×10^8	1.828×10^5	5.309×10^8	1.647×10^5	4.796×10^8	1.406×10^5	5.225×10^8	$1.765 10^5$	5.032×10^8	1.675×10^5	4.775×10^8	1.554×10^5
江苏	厦门、泉州	福州	5.697×10^8	1.804×10^5	5.312×10^8	1.623×10^5	4.799×10^8	1.382×10^5	5.228×10^8	1.741×10^5	5.035×10^8	1.651×10^5	4.779×10^8	1.530×10^5
江苏、厦门	厦门、泉州	福州	5.702×10^8	1.801×10^5	5.324×10^8	1.611×10^5	4.801×10^8	1.380×10^5	5.231×10^8	1.740×10^5	5.045×10^8	1.645×10^5	4.788×10^8	1.525×10^5
江苏、厦门	厦门、泉州	厦门	5.715×10^8	1.787×10^5	5.340×10^8	1.601×10^5	4.824×10^8	1.363×10^5	5.254×10^8	1.723×10^5	5.053×10^8	1.638×10^5	4.795×10^8	1.519×10^5
厦门	厦门、泉州	厦门	6.118×10^8	1.552×10^5	5.657×10^8	1.417×10^5	5.042×10^8	1.236×10^5	5.471×10^8	1.596×10^5	5.241×10^8	1.528×10^5	4.933×10^8	1.438×10^5

PET 瓶重量

图 6－6 和图 6－7 分别表示经济和环境成本最小时，不同重量瓶子的供应链各项成本和碳排放的变换趋势，其中分别用实线表示经济成本最优，虚线表示环境成本最优。

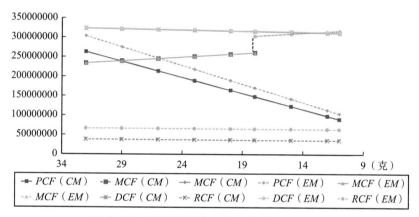

图 6－6　瓶子重量与各环节经济成本之间关系

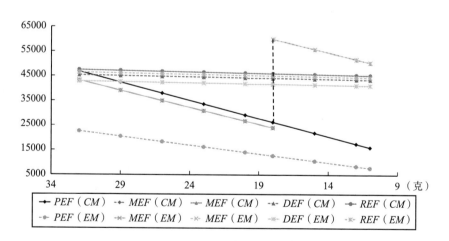

图 6－7　瓶子重量与各环节环境成本之间关系

在采购环节（PCF），使用减重工艺，随着瓶重的逐步降低，采购成本和碳排放大幅度下降。这主要是因为使用了减重工艺，对 PET 切片的需求量逐步降低，所以在 PET 切片价格和市场需求量不变的情况下，采购成本和碳排放随着对 PET 切片需求量下降而下降。另外，我们还发现采购环节的经济成本和环境成本占供应链总的经济成本和环境成本的比重较大，所以供应商选择在平衡经济和环境成本方面起着重要作用。

在制造环节（MCF），实线与虚线重合，也就是说经济成本和环境成本不存在矛盾。由于使用了减重工艺，制造环节变动生产成本越来越小，但生产线的固定投资越来越大，两者综合来看，制造环节成本随着瓶子重量的降低还是逐步上升的，所以制造成本刚开始时平稳升高。然后制造成本在 $\tau = 18$ 时突然大幅度变大，这是因为当减重到一定程度，灌装工艺要由传统的热灌工艺变为无菌冷灌工艺，而无菌工艺的固定投资较大，所以导致了制造成本的上升幅度突然变大。制造环节生产单位产品的碳排放随着瓶子重量的降低而减低，所以制造环节碳排放刚开始是逐步降低的，但是当减重到一定程度，灌装工艺要由传统的热灌工艺变为无菌冷灌工艺，而无菌工艺要消耗更多的能源、水和电，所以制造环节碳排放会突然升高，接着使用同种灌装工艺下，制造环节的碳排放又逐步降低。

在分销环节（DCF），由于减重工艺降低了瓶子的重量，因此总运输量下降，分销成本随着总运输量的降低而降低。但是由于减重工艺只是降低了瓶子重量，而瓶内的饮料量是不变的，瓶子重量相对于瓶内饮料重量来说很小，所以对分销环节影响很小，因此分销成本下降幅度较小。

在回收环节（RCF），在回收率不变的情况下，不管哪种瓶子重量的返回品量是相同的，但是相同的返回品量所含的 PET 切片量随着瓶子重量的降低而降低，在其他条件不变的情况下，回收成本和回收碳排放逐步降低。但是由于现在回收率不高，并且产品制造过程中回收切片的添加比率较低，导致整体的回收量不高，所以减重工艺对回收环节影响不大，回收环境成本和碳排放下降幅度相对较小。

6.7.2 基于鲁棒优化的模型求解及管理解析

用 $\rho \in [0, 1]$ 代表系统的不确定水平，本章鲁棒模型主要考虑三个不确定水平（例如，$\rho = 0$、0.5、1）。当不确定水平 $\rho = 0$ 时假设所有的不确定参数为确定的。确定模型中的所有相关参数同样应用在鲁棒模型中，确定模型中的不确定参数等于这些参数鲁棒模型中的平均值。通过改变不确定水平，可以得到相关的需求、平均回收率、丢弃率和回收切片所占比例集合。

图 6-8 表示鲁棒模型中的实验结果。我们发现，随着系统不确定水平的提高，每个帕累托最优点都向左上方移动，这就意味着随着系统不确定水平的提高，在每个瓶重和供应链网络设计组合下都是经济成本逐步上升，环境成本下降。形成这一现象的主要原因是，回收环节受系统不确定性水平的影响最大，为了应对不确定性，企业不应过分依赖回收过程，必须减少回收切片的使用率，增加新切片的使用量，所以采购环节的成本和碳排放上升，回收环节的成本与碳排放下降。随着系统不确定水平的提高，消费者市场需求的波动性越来越大，为了满足消费者的需求，企业必须生产更多的产品来应对需求的波动性，所以制造环节的成本和碳排放、分销环节的成本和碳排放都会上升。回收成本的下降幅度小于采购成本、制造成本和分销成本的上升幅度，所以综合来看，随着不确定水平的增加，总经济成本不断上升；回收环节碳排放的下降幅度大于采购碳排放、制造碳排放和分销碳排放的上升幅度，所以综合来看，随着不确定水平的上升，总碳排放不断下降。

另外，帕累托最优域的移动会引起减重工艺选择及供应链网络设计决策。考虑减重工艺选择所带来的不确定性，PET 瓶的最优重量仍然是 18 克或 11 克。当不确定水平为 0 时，如果碳排放限制低于 1.519×10^5，那么此时的瓶子的最优重量为 18 克，如果碳排放限制高于 1.519×10^5，那么此时的瓶子的最优重量为 11 克。当不确定水平为 0.5 时，如果此时碳排放限制

低于 1.428×10^5，那么此时的瓶子的最优重量为 18 克，如果碳排放限制高于 1.428×10^5，那么此时的瓶子的最优重量为 11 克。当不确定水平为 1 时，如果此时的碳排放限制低于 1.157×10^5，那么此时的瓶子的最优重量为 18 克，如果碳排放限制高于 1.157×10^5，那么此时的瓶子的最优重量为 11 克。由此可见随着不确定水平的上升，碳排放限制的临界点逐步降低，当 $\rho = 0$ 时为 1.519×10^5，$\rho = 0.5$ 时为 1.428×10^5，$\rho = 1$ 时为 1.157×10^5。

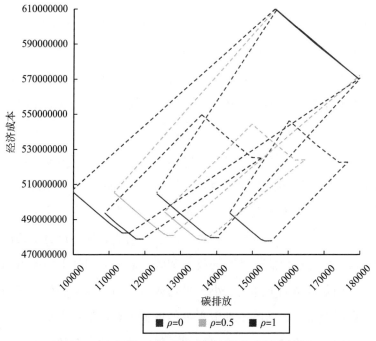

图 6-8   鲁棒模型中经济成本与环境成本帕累托最优

6.8　本章小结

本章主要从供应链视角出发，构建了一个可持续产品设计的混合整数线性规划模型来分析企业应该如何进行可持续产品设计，最后用一个实际案例来验证我们所提出的混合整数线性规划模型。通过审查整个供应链，分析供应链采购、制造、分销和回收各环节的成本及碳排放可以帮助企业选择最优的可持续产品设计，同时也可以帮助企业识别供应链中最大碳排放和成本来源，从而进行更有效的碳排放与成本管理。通过案例分析，可以得到以下结论，供研究者与企业参考。

（1）虽然减重工艺同时具有成本效益和环境效益，但是灌装工艺从热灌工艺变为无菌冷灌工艺额外增加的成本和碳排放把帕累托最优区域分为两个部分，这就使帕累托最优曲线向右上方移动。但是当灌装工艺切换之后，减重工艺又同时实现经济和环境的最优。

（2）所有得到的帕累托最优解可以分为实线（$\tau \geqslant 18$）和虚线（$\tau < 18$）两个帕累托区域。通过比较两个帕累托区域的最底线，可以分析得出 PET 瓶的最佳重量总是 18 克和 11 克，它们分别是实线和虚线区域的最底线。当碳排放限额小于 1.519×10^5 时，PET 瓶的最优重量是 18 克；当碳排放限额大于 1.519×10^5，PET 瓶的最佳重量是 11 克，同时可以分析得出对应的供应网络结构。

（3）减重工艺对采购环节和制造环节影响较大，而对分销及回收环节影响不大。因此采购和制造环节应该是减重工艺选择与管理的重点关注对象，当企业在制造环节改变 PET 瓶重量时要重点关注对采购和制造环节的影响，降低采购环节和制造环节的成本能有效的提升企业的利润水平，降低采购和制造环节的碳排放可以有效地改善企业生产运营整个供应链对环境的影响，实现企业可持续发展的目标。

（4）减重工艺会影响企业的供应链网络结构。企业的减重工艺会对供应链其他环节带来一定影响，进而会改变企业原有的供应链网络结构，因此企业要根据制造环节减重工艺的改变来实时调整企业的供应链网络结构，实现经济与环境的同时最优。

（5）企业在选择减重工艺时要综合考虑供应链各环节。企业在制造环节使用减重工艺会影响企业在供应链其他环节的决策，例如，供应商选择、分销中心选择、回收中心选择、原材料采购量、回收再处理计划等，所以企业在选择减重工艺时要考虑减重工艺对供应链其他环节的影响，综合分析采购、制造、分销和回收在处理各环节的成本与碳排放，分析得出企业最优的减重工艺选择。

另外，为了分析不确定性对产品设计的影响，我们构建了鲁棒优化模型，并用来自企业的一个实际案例来验证我们所提出的鲁棒模型中，通过计算，我们发现，在鲁棒模型中可以得到以下结论：第一，随着系统不确定水平的提高，每个帕累托最优点都向左上方移动，这就意味着随着系统不确定水平的提高，在每个瓶重和供应链网络设计组合下都是经济成本逐步上升，环境成本下降。这就要求企业在选择产品策略时尽可能做好市场调研，尽量控制不确定水平，防止由于不确定水平的上升而给企业带来的成本负担。第二，考虑减重工艺选择所带来的不确定性，PET 瓶的最优重量仍然是 18 克或 11 克，但是随着不确定水平的提高，企业改变工艺选择的碳排放临界点越来越低，这就说明了不确定水平越高，碳排放约束限制对企业的影响越大。随着不确定水平的提高，企业就要更加关注碳排放约束的限制。

第7章

可持续产品动态设计

7.1 引　　言

产品的碳排放量不仅受生产企业所采用的生产技术影响，供应商所提供的原材料的情况以及零售商针对低碳产品的促销都会影响最终产品的碳排放量，所以产品减排需要供应链上下游企业的共同合作[245]。越来越多的品牌制造商开始甄选能够积极进行节能减排的品牌供应商，或者推动品牌供应商进行节能减排。对供应商在环保、碳减排和社会责任方面进行审核，是众多品牌供应商为保障供应链的低碳水平所采取的策略。在企业的供应链管理中，除了关注上游供应商的原材料的碳排放情况，下游零售商针对低碳产品开展的促销活动也有利于提高低碳产品的销量及市场认可度产生重要影响[246]。因此产品减排不能仅依靠制造商，还需要供应商和零售商的紧密合作[247]。

另外，在实践中，减排投资需要一定的时间才能取得降低碳排放的效果，具有滞后效应，企业今天的减排投资会影响明天产品的碳排放情况，今年的减排投资会影响明年产品的碳排放情况，同时企业对减排进行的投资也是持续的，这就说明了企业的减排行为是动态的，研究供应链动态减排问题更符合实际情况。赵道致把减排的动态性融入供应链减排博弈中，以供应商和制造商组成的供应链作为研究对象，使用微分博弈的方法分析得出了产品碳排放量是如何随时间的变化而变化[248]。在此基础上赵道致又研究了零售商针对低碳产品进行宣传对产品动态减排量的影响[249]。还有其他部分学者在动态减排问题上也做了一些研究[250-251]。

综上所述，从动态角度，将微分博弈运用到可持续产品设计中的研究相对较少，并且多数是以两级供应链作为研究对象，因此本章主要以供应商、制造商和零售商组成的三级供应链作为研究对象，同时制造商为了鼓励供应商进行减排、鼓励零售商宣传与促销低碳产品，会帮助供应商分担部分减排成本，帮助零售商分担部分低碳产品的促销成本，因此本章主要分析在成本分担契约下三级供应链的可持续产品动态设计问题，对比分析在协同状态和非协同状态下产品的减排量运动轨迹，同时还得到供应商、制造商和零售商的最优决策及利润。最后，使用算例分析的方法解析了各参数对产品减排量的影响。

7.2 问题描述与模型假设

7.2.1 问题描述

本章以三级供应链作为研究对象，研究可持续产品的动态设计问题。随着低碳意识的不断深入，部分消费者需求受产品的碳排放情况的影响，而最终产品的碳排放情况不仅受制造商减排的影响，同时供应商所提供原材料的低碳化程度也会影响最终产品的碳排放，因此，为了鼓励供应商参与减排，制造商会分担供应商部分减排成本。同时，低碳产品的市场需求还会受下游零售商对低碳产品的宣传力度的影响，因此为了鼓励零售商加大低碳产品的宣传促销力度，制造商会分担零售商部分关于低碳产品宣传促销的成本。图 7-1 表示供应链减排决策过程。

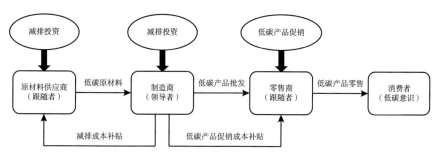

图 7-1 供应链决策过程

在该供应链动态减排过程中，制造商为领导者，主要负责最终产品的减排工作，供应商和零售商为跟随者，分别负责原材料减排和低碳产品宣传与促销。决策时，制造商首先确定产品减排量、供应商减排成本和零售商低碳产品促销成本的分担比例，然后供应商和零售商分别确定减排努力程度和低碳产品宣传与促销的努力程度。

π_S、π_M 和 π_R 分别表示供应商、制造商和零售商生产和销售单位产品所获得的利润；$E_S(t)$ 和 $E_M(t)$ 分别表示供应商和制造商在 t 时刻的减排努力程度；$E_R(t)$ 表示零售商在 t 时刻针对低碳产品的宣传与促销的努力程度；$\theta(t)$ 和 $\sigma(t)$ 分别表示在 t 时刻制造商分担的供应商减排成本比例和分担的零售商低碳产品宣传促销成本比例；$x(t)$ 表示 t 时刻产品的减排量。

7.2.2　模型假设

本章假设条件如下：

（1）供应商和制造商的生产成本是关于减排努力程度的增函数，随着减排努力程度不断增加，C_S 和 C_M 会随着减排努力程度的增加而加速上升，即满足 $C_S'[E_S(t)] > 0$，$C_S''[E_S(t)] > 0$，$C_M'[E_M(t)] > 0$，$C_M''[E_M(t)] > 0$，因此假设减排成本可以表示为：

$$\begin{cases} C_S[E_S(t)] = \dfrac{1}{2} k_S E_S^2(t) \\ C_M[E_M(t)] = \dfrac{1}{2} k_M E_M^2(t) \end{cases} \tag{7-1}$$

（2）零售商的促销成本是关于低碳宣传努力程度的增函数，随着低碳宣传努力程度的不断增加，C_R 会随着促销努力程度的增加而加速上升，即满足 $C_R'[E_R(t)] > 0$，$C_R''[E_R(t)] > 0$，因此假设低碳促销成本为：

$$C_R[E_R(t)] = \dfrac{1}{2} k_R E_R^2(t) \tag{7-2}$$

（3）最终产品的减排量取决于供应商和制造商的减排努力程度，产品减排量变化过程的微分方程为：

$$\dot{x}(t) = \beta_S E_S(t) + \beta_M E_M(t) - \lambda x(t) \tag{7-3}$$

同时在初始时刻，供应链产品的减排量 $x(t) = x(0) = x_0 \geq 0$，λ 表示供应链产品减排量的自然衰退率。

（4）假设产品的市场需求取决于碳减排总量和零售商低碳宣传的努力程度的线性组合，即：

$$D[x(t), E_R(t)] = \mu + \eta x(t) + \delta E_R(t) \tag{7-4}$$

（5）为了鼓励供应商减排和零售商宣传促销低碳产品，制造商会分担一部分供应商减排成本和零售商的促销成本，即 $\theta(t) < 1$ 和 $\sigma(t) < 1$。

（6）假设供应商、制造商和零售商的贴现率均为 $\rho(\rho>0)$，目标函数均为无限时间下的利润最大化。

7.3 模型构建及求解

7.3.1 非协同状态下可持续产品动态设计

在非协同状态下，制造商为领导者，主要负责最终产品的减排工作，供应商和零售商为跟随者，分别负责原材料减排和低碳产品宣传与促销，供应商、制造商和零售商的决策目标都是自身利润的最大化，制造商首先确定产品减排量、供应商减排成本和零售商低碳产品促销成本的分担比例，然后供应商和零售商分别确定减排努力程度和低碳产品宣传与促销的努力程度。根据上文假设，供应商、制造商和零售商贴现因子均为 ρ，决策目标为各自利润在无限时区的最大化，即：

$$J_S(x,t) = \int_0^\infty e^{-\rho t}\left\{\pi_S D[x(t),E_R(t)] - \frac{1}{2}(1-\theta)k_S E_S^2(t)\right\}dt \quad (7-5)$$

$$J_M(x,t) = \int_0^\infty e^{-\rho t}\left\{\pi_M D[x(t),E_R(t)] - \frac{1}{2}k_M E_M^2(t)\right.$$
$$\left. - \frac{1}{2}\theta k_S E_S^2(t) - \frac{1}{2}\sigma k_R E_R^2(t)\right\}dt \quad (7-6)$$

$$J_R(x,t) = \int_0^\infty e^{-\rho t}\left\{\pi_R D[x(t),E_R(t)] - \frac{1}{2}(1-\sigma)k_R E_R^2(t)\right\}dt \quad (7-7)$$

命题 7.1 在非协同状态下，供应商、制造商和零售商组成的三级供应链减排决策中：

（1）制造商所生产的产品碳减排量的最优轨迹为：

$$x^*(t) = \left(x_0 + \frac{B}{A}\right)e^{At} - \frac{B}{A}$$

（2）供应链系统达到最优减排量时的各供应商、制造商和零售商的均衡

策略为:

$$E_M^* = \frac{\pi_M \eta \beta_M}{(\rho + \lambda) k_M}, \quad \theta^* = \frac{2\beta_M \pi_M - \pi_S}{2\beta_M \pi_M + \pi_S}, \quad \sigma = \frac{2\pi_M - \pi_R}{2\pi_M + \pi_R}$$

$$E_S^* = \frac{(2\beta_M \pi_M + \pi_S)\eta}{2k_S(\rho + \lambda)}, \quad E_R^* = \frac{\delta(2\pi_M + \pi_R)}{2k_R}$$

(3) 供应商、制造商和零售商的最优利润为:

$$J_S^*(x, t) = e^{-\rho t}(a_1^* x + b_1^*), \quad J_R^*(x, t) = e^{-\rho t}(a_2^* x + b_2^*), \quad J_M^*(x, t)$$
$$= e^{-\rho t}(a_3^* x + b_3^*)$$

其中,$A = -\lambda$,$B = \dfrac{(2\beta_M \pi_M + \pi_S)\eta\beta_S}{2k_S(\rho + \lambda)} + \dfrac{\pi_M \eta \beta_M^2}{(\rho + \lambda)k_M}$。

$$\begin{cases} a_1^* = \dfrac{\pi_S \eta}{\rho + \lambda}, \quad b_1^* = \dfrac{\pi_S \mu}{\rho} + \dfrac{\pi_S \delta^2(2\pi_M + \pi_R)}{2\rho k_R} + \dfrac{(2\beta_M a_3 + a_1)(2a_1\beta_S - a_1)}{4\rho k_S} + \dfrac{a_1 a_3 \beta_M^2}{\rho k_M} \\[4mm] a_2^* = \dfrac{\pi_R \eta}{\rho + \lambda}, \quad b_2^* = \dfrac{\pi_R \mu}{\rho} + \dfrac{\delta^2 \pi_R(2\pi_M + \pi_R)}{4\rho k_R} + \dfrac{a_2\beta_S(2\beta_M a_3 + a_1)}{2\rho k_S} + \dfrac{a_2 a_3 \beta_M^2}{\rho k_M} \\[4mm] a_3^* = \dfrac{\pi_M \eta}{\rho + \lambda}, \\[4mm] b_3^* = \dfrac{\pi_M \mu}{\rho} + \dfrac{4\pi_M \delta^2(2\pi_M + \pi_R) - \delta^2(4a_3^2 - a_2^2)}{8\rho k_R} \\[4mm] \quad + \dfrac{4a_3\beta_S(2\beta_M a_3 + a_1) - (4\beta_M^2 a_3^2 - a_1^2)}{8\rho k_S} + \dfrac{a_3^2 \beta_M^2}{2\rho k_M} \end{cases}$$

证明: 根据逆向归纳法,首先求供应商和零售商的最优决策,然后制造商根据供应商和零售商的最优决策确定自己的减排努力程度,以及分担的供应商减排成本和零售商低碳产品促销成本比例。

根据最优控制的解法,在 t 时刻,供应商的利润最优化问题为:

$$J_S^*(x, t) = \int_t^\infty e^{-\rho s}\left\{\pi_S D[x(t), E_R(t)] - \frac{1}{2}(1-\theta)k_S E_S^2(t)\right\}ds$$

$$= e^{-\rho t} \max_{E_S} \int_t^\infty e^{-\rho(s-t)}\left\{\pi_S D[x(t), E_R(t)] - \frac{1}{2}(1-\theta)k_S E_S^2(t)\right\}ds$$

$$(7-8)$$

令 $V_S(x) = \max\limits_{E_S} \int_t^\infty e^{-\rho(s-t)} \left\{ \pi_S D[x(t), E_R(t)] - \frac{1}{2}(1-\theta)k_S E_S^2(t) \right\} \mathrm{d}s$

$$(7-9)$$

则 t 时刻供应商的最优减排量问题转化为：

$$J_S^*(x, t) = e^{-\rho t} V_S(x) \tag{7-10}$$

满足以下哈密顿 – 雅可比 – 贝尔曼（HJB）方程：

$$\rho V_S(x) = \max\limits_{E_S} \left\{ \pi_S D[x(t), E_R(t)] - \frac{1}{2}(1-\theta)k_S E_S^2(t) + V_S'(x)\dot{x}(t) \right\}$$

$$(7-11)$$

将公式（7 – 3）、公式（7 – 4）和公式（7 – 9）代入公式（7 – 11）中，整理可得：

$$\rho V_S(x) = \max\limits_{E_S} \left\{ \pi_S(\mu + \eta x + \delta E_R) - \frac{1}{2}(1-\theta)k_S E_S^2 + V_S'(x)(\beta_S E_S + \beta_M E_M - \lambda x) \right\}$$

$$(7-12)$$

易知 $\rho V_S(x)''_{E_S} < 0$，所以存在关于 E_S 的最大值，且最大值在偏导数等于 0 处取得，通过对 HJB 方程的右端求偏导数，可以得到：

$$E_S = \frac{V_S'(x)}{(1-\theta)k_S} \tag{7-13}$$

公式（7 – 13）表示供应商的反应函数，可以看出供应商的减排努力程度与制造商所分担的减排成本系数正相关，与自身的减排难度系数负相关。

在 t 时刻，零售商的利润最优化问题为：

$$J_R^*(x, t) = \int_t^\infty e^{-\rho s} \left\{ \pi_R D[x(t), E_R(t)] - \frac{1}{2}(1-\sigma)k_R E_R^2(t) \right\} \mathrm{d}s$$

$$= e^{-\rho t} \max\limits_{E_R} \int_t^\infty e^{-\rho(s-t)} \left\{ \pi_R D[x(t), E_R(t)] - \frac{1}{2}(1-\sigma)k_R E_R^2(t) \right\} \mathrm{d}s$$

$$(7-14)$$

$$V_R(x) = \max\limits_{E_R} \int_t^\infty e^{-\rho(s-t)} \left\{ \pi_R D[x(t), E_R(t)] - \frac{1}{2}(1-\sigma)k_R E_R^2(t) \right\} \mathrm{d}s$$

$$(7-15)$$

则 t 时刻零售商最优低碳产品促销问题转化为：

$$J_R^*(x,\ t) = e^{-\rho t} V_R(x) \qquad (7-16)$$

满足以下 HJB 方程：

$$\rho V_R(x) = \max_{E_R}\left\{\pi_R D[x(t),\ E_R(t)] - \frac{1}{2}(1-\sigma)k_R E_R^2(t) + V_R'(x)\dot{x}(t)\right\}$$
$$(7-17)$$

将公式（7-3）、公式（7-4）和公式（7-15）代入公式（7-17）中，整理可得：

$$\rho V_R(x) = \max_{E_R}\left\{\pi_R(\mu + \eta x + \delta E_R) - \frac{1}{2}(1-\sigma)k_R E_R^2 + V_R'(x)(\beta_S E_S + \beta_M E_M - \lambda x)\right\}$$
$$(7-18)$$

易知 $\rho V_R(x)''_{E_R} < 0$，所以存在关于 E_R 的最大值，且最大值在偏导数等于 0 处取得，通过对 HJB 方程的右端求偏导数，可以得到：

$$E_R = \frac{\delta\pi_R}{(1-\sigma)k_R} \qquad (7-19)$$

公式（7-19）表示零售商的反应函数，可以看出零售商低碳产品促销努力程度与其单位产品利润正相关，与零售商促销成本系数负相关，与制造商能够帮助零售商分担的低碳产品促销成本正相关。

在 t 时刻，制造商的最优决策问题为：

$$J_M^*(x,\ t) = \int_t^\infty e^{-\rho s}\left\{\pi_M D[x(t),\ E_R(t)] - \frac{1}{2}k_M E_M^2(t) - \frac{1}{2}\theta k_S E_S^2(t)\right.$$
$$\left. - \frac{1}{2}\sigma k_R E_R^2(t)\right\}ds = e^{-\rho t}\max_{E_M}\int_t^\infty e^{-\rho(s-t)}\left\{\pi_M D[x(t),\ E_R(t)]\right.$$
$$\left. - \frac{1}{2}k_M E_M^2(t) - \frac{1}{2}\theta k_S E_S^2(t) - \frac{1}{2}\sigma k_R E_R^2(t)\right\}ds \qquad (7-20)$$

令 $V_M(x) = \max_{E_M}\int_t^\infty e^{-\rho(s-t)}\left\{\pi_M D[x(t),\ E_R(t)] - \frac{1}{2}k_M E_M^2(t)\right.$
$$\left. - \frac{1}{2}\theta k_S E_S^2(t) - \frac{1}{2}\sigma k_R E_R^2(t)\right\}ds \qquad (7-21)$$

则原问题可以转化为：

$$J_M^*(x, t) = e^{-\rho t} V_M(x) \tag{7-22}$$

根据 HJB 方程可知：

$$\rho V_M(x) = \max_{E_M, \theta, \sigma} \left\{ \pi_M D[x(t), E_R(t)] - \frac{1}{2} k_M E_M^2(t) - \frac{1}{2} \theta k_S E_S^2(t) \right.$$
$$\left. - \frac{1}{2} \sigma k_R E_R^2(t) + V_M'(x)\dot{x}(t) \right\} \tag{7-23}$$

将公式（7-3）、公式（7-4）和公式（7-21）代入公式（7-23）中，整理可得：

$$\rho V_M(x) = \max_{E_M, \theta, \sigma} \left\{ \pi_M(\mu + \eta x + \delta E_R) - \frac{1}{2} k_M E_M^2(t) - \frac{1}{2} \theta k_S E_S^2(t) \right.$$
$$\left. - \frac{1}{2} \sigma k_R E_R^2(t) + V_M'(x)(\beta_S E_S + \beta_M E_M - \lambda x) \right\} \tag{7-24}$$

公式（7-13）和（7-19）分别代入公式（7-24）中，进行整理可得：

$$\rho V_M(x) = \max_{E_M, \theta, \sigma} \left\{ \pi_M \left[\mu + \eta x + \frac{\delta^2 \pi_R}{(1-\sigma) k_R} \right] - \frac{1}{2} k_M E_M^2(t) - \frac{1}{2} \theta k_S \left[\frac{V_S'(x)}{(1-\theta) k_S} \right]^2 \right.$$
$$\left. - \frac{1}{2} \sigma k_R \left[\frac{\delta \pi_R}{(1-\sigma) k_R} \right]^2 + V_M'(x) \left[\frac{\beta_S V_S'(x)}{(1-\theta) k_S} + \beta_M E_M - \lambda x \right] \right\} \tag{7-25}$$

公式（7-25）分别对 E_M、θ 和 σ 求偏导数，并令偏导数等于 0，可以得到 (E_M, θ, σ) 如下：

$$-k_M E_M + V_M'(x)\beta_M = 0 \tag{7-26}$$

$$-\frac{V_S'^2(x)}{2(1-\theta)^2 k_S} - \frac{\theta V_S'^2(x)}{(1-\theta)^3 k_S} + \frac{\beta_S V_M'(x) V_S'(x)}{(1-\theta)^2 k_S} = 0 \tag{7-27}$$

$$\frac{\delta^2 \pi_M \pi_R}{(1-\sigma)^2 k_R} - \frac{\delta^2 \pi_R^2}{2(1-\sigma)^2 k_R} - \frac{\delta^2 \sigma \pi_R^2}{(1-\sigma)^3 k_R} = 0 \tag{7-28}$$

求解由公式（7-26）、公式（7-27）和公式（7-28）组成的方程组，可得：

$$E_M = \frac{V_M'(x)\beta_M}{k_M}, \quad \theta = \frac{2\beta_M V_M'(x) - V_S'(x)}{2\beta_M V_M'(x) + V_S'(x)}, \quad \sigma = \frac{2\pi_M - \pi_R}{2\pi_M + \pi_R} \tag{7-29}$$

将公式（7-29）代入公式（7-12）、公式（7-18）和公式（7-25）中，并进行整理，可得：

$$\rho V_S(x) = \left(\pi_S \left[\mu + \eta x + \frac{\delta^2(2\pi_M + \pi_R)}{2k_R} \right] - \frac{V_S'(x)[2\beta_M V_M'(x) + V_S'(x)]}{4k_S} \right.$$

$$\left. + V_S'(x) \left\{ \frac{\beta_S[2\beta_M V_M'(x) + V_S'(x)]}{2k_S} + \frac{\beta_M^2 V_M'(x)}{k_M} - \lambda x \right\} \right) \quad (7-30)$$

$$\rho V_R(x) = \left(\pi_R \left[\mu + \eta x + \frac{\delta^2(2\pi_M + \pi_R)}{2k_R} \right] - \frac{\delta^2 \pi_R(2\pi_M + \pi_R)}{4k_R} \right.$$

$$\left. + V_R'(x) \left\{ \frac{\beta_S[2\beta_M V_M'(x) + V_S'(x)]}{2k_S} + \frac{\beta_M^2 V_M'(x)}{k_M} - \lambda x \right\} \right)$$

$$(7-31)$$

$$\rho V_M(x) = \left(\pi_M \left[\mu + \eta x + \frac{\delta^2(2\pi_M + \pi_R)}{2k_R} \right] - \frac{V_M'^2(x)\beta_M^2}{2k_M} - \frac{4\beta_M^2 V_M'^2(x) - V_S'^2(x)}{8k_S} \right.$$

$$\left. - \frac{\delta^2(4\pi_M^2 - \pi_R^2)}{8k_R} + V_M'(x) \left\{ \frac{\beta_S[2\beta_M V_M'(x) + V_S'(x)]}{2k_S} + \frac{V_M'(x)\beta_M^2}{k_M} - \lambda x \right\} \right)$$

$$(7-32)$$

根据公式（7-30）至公式（7-32）推测微分方程的特点，推测关于 x 的线性最优值函数是 HJB 方程的解，设

$$V_S(x) = a_1 x + b_1, \quad V_R(x) = a_2 x + b_2, \quad V_M(x) = a_3 x + b_3 \quad (7-33)$$

将公式（7-33）代入公式（7-30）至公式（7-32）中，可得

$$\rho(a_1 x + b_1) = \left[(\pi_S \eta - a_1 \lambda)x + \pi_S \mu + \frac{\pi_S \delta^2(2\pi_M + \pi_R)}{2k_R} \right.$$

$$\left. + \frac{(2\beta_M a_3 + a_1)(2a_1 \beta_S - a_1)}{4k_S} + \frac{a_1 a_3 \beta_M^2}{k_M} \right] \quad (7-34)$$

$$\rho(a_2 x + b_2) = \left[(\pi_R \eta - a_2 \lambda)x + \pi_R \mu + \frac{\delta^2 \pi_R(2\pi_M + \pi_R)}{4k_R} \right.$$

$$\left. + \frac{a_2 \beta_S(2\beta_M a_3 + a_1)}{2k_S} + \frac{a_2 a_3 \beta_M^2}{k_M} \right] \quad (7-35)$$

$$\rho(a_3 x + b_3) = \left[(\pi_M \eta - a_3 \lambda)x + \pi_M \mu + \frac{4\pi_M \delta^2 (2\pi_M + \pi_R) - \delta^2 (4a_3^2 - a_2^2)}{8k_R} \right.$$

$$\left. + \frac{4a_3 \beta_S (2\beta_M a_3 + a_1) - (4\beta_M^2 a_3^2 - a_1^2)}{8k_S} + \frac{a_3^2 \beta_M^2}{2k_M} \right] \qquad (7-36)$$

整理公式（7-34）至公式（7-36），把等式两边的同类项进行比较，可以得到如下方程组：

$$\begin{cases} \rho a_1 = \pi_S \eta - a_1 \lambda \\ \rho b_1 = \pi_S \mu + \dfrac{\pi_S \delta^2 (2\pi_M + \pi_R)}{2k_R} + \dfrac{(2\beta_M a_3 + a_1)(2a_1 \beta_S - a_1)}{4k_S} + \dfrac{a_1 a_3 \beta_M^2}{k_M} \\ \rho a_2 = \pi_R \eta - a_2 \lambda \\ \rho b_2 = \pi_R \mu + \dfrac{\delta^2 \pi_R (2\pi_M + \pi_R)}{4k_R} + \dfrac{a_2 \beta_S (2\beta_M a_3 + a_1)}{2k_S} + \dfrac{a_2 a_3 \beta_M^2}{k_M} \\ \rho a_3 = \pi_M \eta - a_3 \lambda \\ \rho b_3 = \pi_M \mu + \dfrac{4\pi_M \delta^2 (2\pi_M + \pi_R) - \delta^2 (4a_3^2 - a_2^2)}{8k_R} \\ \qquad + \dfrac{4a_3 \beta_S (2\beta_M a_3 + a_1) - (4\beta_M^2 a_3^2 - a_1^2)}{8k_S} + \dfrac{a_3^2 \beta_M^2}{2k_M} \end{cases}$$

$$(7-37)$$

求解方程组（7-37）可得：

$$\begin{cases} a_1^* = \dfrac{\pi_S \eta}{\rho + \lambda}, \quad b_1^* = \dfrac{\pi_S \mu}{\rho} + \dfrac{\pi_S \delta^2 (2\pi_M + \pi_R)}{2\rho k_R} + \dfrac{(2\beta_M a_3 + a_1)(2a_1 \beta_S - a_1)}{4\rho k_S} + \dfrac{a_1 a_3 \beta_M^2}{\rho k_M} \\ a_2^* = \dfrac{\pi_R \eta}{\rho + \lambda}, \quad b_2^* = \dfrac{\pi_R \mu}{\rho} + \dfrac{\delta^2 \pi_R (2\pi_M + \pi_R)}{4\rho k_R} + \dfrac{a_2 \beta_S (2\beta_M a_3 + a_1)}{2\rho k_S} + \dfrac{a_2 a_3 \beta_M^2}{\rho k_M} \\ a_3^* = \dfrac{\pi_M \eta}{\rho + \lambda}, \\ b_3^* = \dfrac{\pi_M \mu}{\rho} + \dfrac{4\pi_M \delta^2 (2\pi_M + \pi_R) - \delta^2 (4a_3^2 - a_2^2)}{8\rho k_R} \\ \qquad + \dfrac{4a_3 \beta_S (2\beta_M a_3 + a_1) - (4\beta_M^2 a_3^2 - a_1^2)}{8\rho k_S} + \dfrac{a_3^2 \beta_M^2}{2\rho k_M} \end{cases}$$

将 (a_1^*, b_1^*, a_2^*, b_2^*, a_3^*, b_3^*) 代入公式 (7-33) 中，可以得到：

$$\begin{cases} V_S^*(x) = a_1^* x + b_1^* \\ V_R(x) = a_2^* x + b_2^* \\ V_M(x) = a_3^* x + b_3^* \end{cases} \qquad (7-38)$$

将方程组 (7-38) 代入公式 (7-13)、公式 (7-19) 和公式 (7-29) 中，可以得到供应商、零售商和制造商的最优策略为：

$$\begin{cases} E_M^* = \dfrac{\pi_M \eta \beta_M}{(\rho+\lambda) k_M}, \quad \theta^* = \dfrac{2\beta_M \pi_M - \pi_S}{2\beta_M \pi_M + \pi_S}, \quad \sigma = \dfrac{2\pi_M - \pi_R}{2\pi_M + \pi_R} \\ E_S^* = \dfrac{(2\beta_M \pi_M + \pi_S)\eta}{2k_S(\rho+\lambda)}, \quad E_R^* = \dfrac{\delta(2\pi_M + \pi_R)}{2k_R} \end{cases} \qquad (7-39)$$

将公式 (7-39) 代入公式 (7-3) 所表示的状态转移方程中，可以得到

$$\dot{x} = -\lambda x + \frac{(2\beta_M \pi_M + \pi_S)\eta \beta_S}{2k_S(\rho+\lambda)} + \frac{\pi_M \eta \beta_M^2}{(\rho+\lambda) k_M} \qquad (7-40)$$

令 $A = -\lambda$，$B = \dfrac{(2\beta_M \pi_M + \pi_S)\eta \beta_S}{2k_S(\rho+\lambda)} + \dfrac{\pi_M \eta \beta_M^2}{(\rho+\lambda) k_M}$，则公式 (7-40) 所表示的微分方程的解为：

$$x(t) = e^{\int A dt} \left(\int B e^{\int A dt} dt + C \right) \qquad (7-41)$$

其中，C 表示常数。由于初始供应链产品的减排量 $x(t) = x(0) = x_0 \geqslant 0$，可以求得 $x(t)$ 的特解，则可以求得供应链产品减排量的运动曲线。

$$x^*(t) = \left(x_0 + \frac{B}{A} \right) e^{At} - \frac{B}{A} \qquad (7-42)$$

同时把公式 (7-38) 代入公式 (7-10)、公式 (7-16) 和公式 (7-22) 中，可以得到供应商、制造商和零售商的最优利润为：

$$J_S^*(x, t) = e^{-\rho t}(a_1^* x + b_1^*)$$

$$J_R^*(x, t) = e^{-\rho t}(a_2^* x + b_2^*)$$

$$J_M^*(x, t) = e^{-\rho t}(a_3^* x + b_3^*)$$

证毕。

命题 7.1 得出了制造商所生产的产品的最优减排量是如何随着时间的变化而变化的，供应商和制造商的最优减排努力程度和零售商对低碳产品进行促销的努力程度，以及制造商分担的供应商减排成本和零售商促销成本最优比例。命题 7.1 表明随着时间的变化，供应商、制造商和零售商都要不断调整其最优决策，进而产品的减排量也会由于供应商、制造商和零售商最优决策的变化而不断变化。

由命题 7.1 可得出以下推论：

推论 7.1 制造商是否承担部分供应商的减排成本需要满足一定条件，当 $2\beta_M\pi_M > \pi_S$ 时，制造商才会承担部分供应商的减排成本，否则制造商不会分担供应商的减排费用，反而还会向供应商收取一定费用。制造商是否承担部分零售商低碳产品促销成本需要一定条件，当 $2\pi_M > \pi_R$ 时，制造商才会承担部分零售商低碳产品促销成本，否则制造商不会分担零售商低碳产品促销费用，反而还会向零售商收取一定费用。

推论 7.2 随着供应商、制造商和零售商单位产品所获得的利润的不断上升，减排努力程度与低碳产品促销努力程度不断增强；随着贴现率、减排量的自然衰退率以及供应商、制造商的减排成本系数和零售商的促销成本系数的上升，减排努力程度与低碳产品促销努力程度不断减弱；随着消费者对减排量的敏感度和对促销敏感度的不断增加，减排努力程度与低碳产品促销努力程度不断增强。

推论 7.2 说明了如果消费者对减排量的敏感度和对促销敏感度较强，供应商、制造商和零售商进行减排和低碳产品促销的积极性较高，会增加产品减排和低碳产品促销方面的投入，进而获得较高利润。如果供应商和制造商的减排成本系数和零售商促销成本系数较高，此时供应链减排与促销成本相对较高，则减排和促销的积极性就会受到一定影响，因此需要政府进行一定干预，例如，政府可以对供应商和制造商减排以及零售商的促销提供一定的补贴。

7.3.2 协同状态下可持续产品动态设计

在协同状态下，供应链集中决策，决策变量为供应链各企业的减排努力程度。根据假设每个企业具有相同的贴现率 $\rho(\rho > 0)$，在集中决策下，供应链系统以贴现率 ρ 进行贴现后，决策目标为供应链总利润在无限时区的最大化，即：

$$J_{SC}^{C*}(x, t) = \int_0^\infty e^{-\rho t} \left\{ \pi_S D[x(t), E_R(t)] + \pi_M D[x(t), E_R(t)] + \pi_R D[x(t), E_R(t)] \right.$$

$$\left. - \frac{1}{2} k_S E_S^2(t) - \frac{1}{2} k_M E_M^2(t) - \frac{1}{2} k_R E_R^2(t) \right\} \mathrm{d}t \qquad (7-43)$$

命题 7.2 在协同状态下：

（1）制造商所生产的产品碳减排量的最优轨迹为：

$$x^{C*}(t) = \left(x_0 + \frac{B^C}{A^C} \right) e^{A^C t} - \frac{B^C}{A^C}$$

（2）供应链系统达到最优减排量时的各供应商、制造商和零售商的均衡策略为：

$$E_S^{C*} = \frac{(\pi_S + \pi_M + \pi_R) \eta \beta_S}{(\rho + \lambda) k_S}, \quad E_M^{C*} = \frac{(\pi_S + \pi_M + \pi_R) \eta \beta_M}{(\rho + \lambda) k_M}, \quad E_R^{C*} = \frac{(\pi_S + \pi_M + \pi_R) \delta}{k_M}$$

（3）供应链的总利润为：

$$J_{SC}^{C*}(x, t) = e^{-\rho t}(a_4^* x + b_4^*)$$

其中，

$$A^C = -\lambda$$

$$B^C = \frac{(\pi_S + \pi_M + \pi_R) \eta \beta_S^2}{(\rho + \lambda) k_S} + \frac{(\pi_S + \pi_M + \pi_R) \eta \beta_M^2}{(\rho + \lambda) k_M}$$

$$a_4^* = \frac{(\pi_S + \pi_M + \pi_R) \eta}{\rho + \lambda}$$

$$b_4^* = \left[\frac{(\pi_S + \pi_M + \pi_R) \mu}{\rho} + \frac{\delta^2 (\pi_S + \pi_M + \pi_R)^2}{k_M \rho} - \frac{\beta_S^2 a_4^2}{2 k_S \rho} - \frac{\beta_M^2 a_4^2}{2 k_M \rho} \right.$$

$$- \frac{(\pi_S + \pi_M + \pi_R)^2 \delta^2}{2k_R k_M^2 \rho} + \frac{\beta_S^2 a_4^2}{k_S \rho} + \frac{\beta_M^2 a_4^2}{k_M \rho} \Bigg]$$

证明： 根据最优控制的解法，在 t 时刻，整条供应链供应商的利润最优化问题为：

$$J_{SC}^{C*}(x, t) = \int_0^\infty e^{-\rho t} \Big\{ \pi_S D[x(t), E_R(t)] + \pi_M D[x(t), E_R(t)] + \pi_R D[x(t), E_R(t)]$$

$$- \frac{1}{2} k_S E_S^2(t) - \frac{1}{2} k_M E_M^2(t) - \frac{1}{2} k_R E_R^2(t) \Big\} dt$$

$$= e^{-\rho t} \max_{E_S, E_M, E_R} \int_t^\infty e^{-\rho(s-t)} \Big\{ \pi_S D[x(t), E_R(t)] + \pi_M D[x(t), E_R(t)]$$

$$+ \pi_R D[x(t), E_R(t)] - \frac{1}{2} k_S E_S^2(t) - \frac{1}{2} k_M E_M^2(t) - \frac{1}{2} k_R E_R^2(t) \Big\} ds$$

$$(7-44)$$

令

$$V_{SC}^C(x) = \max_{E_S, E_M, E_R} \int_t^\infty e^{-\rho(s-t)} \Big\{ \pi_S D[x(t), E_R(t)] + \pi_M D[x(t), E_R(t)]$$

$$+ \pi_R D[x(t), E_R(t)] - \frac{1}{2} k_S E_S^2(t) - \frac{1}{2} k_M E_M^2(t) - \frac{1}{2} k_R E_R^2(t) \Big\} ds$$

$$(7-45)$$

则 t 时刻供应链系统的最优减排量问题可以转化为：

$$J_{SC}^{C*}(x, t) = e^{-\rho t} V_{SC}^C(x) \tag{7-46}$$

满足以下 HJB 方程

$$\rho V_{SC}^C(x) = \max_{E_S, E_M, E_R} \Big[\Big\{ \pi_S D[x(t), E_R(t)] + \pi_M D[x(t), E_R(t)] + \pi_R D[x(t), E_R(t)]$$

$$- \frac{1}{2} k_S E_S^2(t) - \frac{1}{2} k_M E_M^2(t) - \frac{1}{2} k_R E_R^2(t) \Big\} + V'(x) \dot{x}(t) \Big] \tag{7-47}$$

整理可得：

$$\rho V_{SC}^C(x) = \max_{E_S, E_M, E_R} \Big\{ (\pi_S + \pi_M + \pi_R)[\mu + \eta x(t) + \delta E_R(t)] - \frac{1}{2} k_S E_S^2(t) - \frac{1}{2} k_M E_M^2(t)$$

$$- \frac{1}{2} k_R E_R^2(t) + V'(x)[\beta_S E_S(t) + \beta_M E_M(t) - \lambda x(t)] \Big\} \tag{7-48}$$

由公式（7－48）易知 $[\rho V(x)]''_{E_S}<0$、$[\rho V(x)]''_{E_M}<0$、$[\rho V(x)]''_{E_R}<0$，故存在关于 E_S、E_M、E_R 的最大值，且最大值在偏导数等于 0 处取得，通过对 HJB 方程的右端求偏导数，得：

$$E_S=\frac{\beta_S V^{C'}_{SC}(x)}{k_S}$$

$$E_M=\frac{\beta_M V^{C'}_{SC}(x)}{k_M}\qquad(7-49)$$

$$E_R=\frac{(\pi_S+\pi_M+\pi_R)\delta}{k_M}$$

将公式（7－49）代入公式（7－48）整理可得：

$$\rho V^C_{SC}(x)=(\pi_S+\pi_M+\pi_R)\left[\mu+\eta x(t)+\frac{\delta^2(\pi_S+\pi_M+\pi_R)}{k_M}\right]-\frac{1}{2}k_S\left[\frac{\beta_S V^{C'}_{SC}(x)}{k_S}\right]^2$$

$$-\frac{1}{2}k_M\left[\frac{\beta_M V^{C'}_{SC}(x)}{k_M}\right]^2-\frac{1}{2}k_R\left[\frac{(\pi_S+\pi_M+\pi_R)\delta}{k_M}\right]^2$$

$$+V'(x)\left[\frac{\beta_S^2 V^{C'}_{SC}(x)}{k_S}+\frac{\beta_M^2 V^{C'}_{SC}(x)}{k_M}-\lambda x(t)\right]\qquad(7-50)$$

根据公式（7－50）推测微分方程的特点，推测关于 x 的线性最优值函数是 HJB 方程的解，设：

$$V^C_{SC}(x)=a_4 x+b_4\qquad(7-51)$$

将公式（7－51）代入公式（7－50）中，可得

$$\rho(a_4 x+b_4)=(\pi_S+\pi_M+\pi_R)\left[\mu+\eta x(t)+\frac{\delta^2(\pi_S+\pi_M+\pi_R)}{k_M}\right]-\frac{1}{2}k_S\left(\frac{\beta_S a_4}{k_S}\right)^2$$

$$-\frac{1}{2}k_M\left(\frac{\beta_M a_4}{k_M}\right)^2-\frac{1}{2}k_R\left[\frac{(\pi_S+\pi_M+\pi_R)\delta}{k_M}\right]^2$$

$$+a_4\left[\frac{\beta_S^2 a_4}{k_S}+\frac{\beta_M^2 a_4}{k_M}-\lambda x(t)\right]\qquad(7-52)$$

求解公式（7－52）可得：

$$\begin{cases} a_4^* = \dfrac{(\pi_S + \pi_M + \pi_R)\eta}{\rho + \lambda} \\[3mm] b_4^* = \dfrac{(\pi_S + \pi_M + \pi_R)\mu}{\rho} + \dfrac{\delta^2 (\pi_S + \pi_M + \pi_R)^2}{k_M \rho} - \dfrac{\beta_S^2 a_4^2}{2k_S \rho} - \dfrac{\beta_M^2 a_4^2}{2k_M \rho} \\[3mm] \quad - \dfrac{(\pi_S + \pi_M + \pi_R)^2 \delta^2}{2k_R k_M^2 \rho} + \dfrac{\beta_S^2 a_4^2}{k_S \rho} + \dfrac{\beta_M^2 a_4^2}{k_M \rho} \end{cases} \qquad (7-53)$$

将 (a_4^*, b_4^*) 代入公式（7-51）中，可以得到：

$$V_{SC}^{C*}(x) = a_4^* x + b_4^* \qquad (7-54)$$

将公式（7-54）代入公式（7-49）中，可以得到供应商、零售商和制造商的最优策略为：

$$E_S^{C*} = \dfrac{(\pi_S + \pi_M + \pi_R)\eta\beta_S}{(\rho + \lambda)k_S}$$

$$E_M^{C*} = \dfrac{(\pi_S + \pi_M + \pi_R)\eta\beta_M}{(\rho + \lambda)k_M} \qquad (7-55)$$

$$E_R^{C*} = \dfrac{(\pi_S + \pi_M + \pi_R)\delta}{k_M}$$

将公式（7-55）代入公式（7-3）所表示的状态转移方程中，可以得到：

$$\dot{x} = -\lambda x + \dfrac{(\pi_S + \pi_M + \pi_R)\eta\beta_S^2}{(\rho + \lambda)k_S} + \dfrac{(\pi_S + \pi_M + \pi_R)\eta\beta_M^2}{(\rho + \lambda)k_M} \qquad (7-56)$$

令 $A^C = -\lambda$，$B^C = \dfrac{(\pi_S + \pi_M + \pi_R)\eta\beta_S^2}{(\rho + \lambda)k_S} + \dfrac{(\pi_S + \pi_M + \pi_R)\eta\beta_M^2}{(\rho + \lambda)k_M}$，由于初始供应链产品的减排量 $x(t) = x(0) = x_0 \geq 0$，可以求得 $x(t)$ 的特解，则可以求得供应链产品减排量的运动曲线。

$$x^{C*}(t) = \left(x_0 + \dfrac{B^C}{A^C}\right)e^{A^C t} - \dfrac{B^C}{A^C} \qquad (7-57)$$

同时把公式（7-57）代入公式（7-46）和公式（7-51）中，可以得到供应商、制造商和零售商的最优利润为：

$$J_{SC}^{C*}(x,\ t) = e^{-\rho t}(a_4^* x + b_4^*)\qquad(7-58)$$

至此，命题 7.2 得证。

证毕。

7.3.3 协同状态与非协同状态比较分析

本节主要对比分析协同前后制造商的减排努力程度以及协同前后供应链系统的利润变化情况，得到命题 7.3。

命题 7.3 协同状态下的制造商的减排努力程度高于非协同状态下的减排努力程度，协同状态下供应链系统的总利润也高于非协同状态下的总利润，即 $E_M^{C*} > E_M^*$，$J_{SC}^{C*} > J_S^* + J_M^* + J_R^*$，即供应链系统达到了帕累托最优状态。

证明：

$$E_M^{C*} - E_M^* = \frac{(\pi_S + \pi_M + \pi_R)\eta\beta_M}{(\rho+\lambda)k_M} - \frac{\pi_M\eta\beta_M}{(\rho+\lambda)k_M} = \frac{(\pi_S + \pi_R)\eta\beta_M}{(\rho+\lambda)k_M} > 0$$

$$J_{SC}^{C*} - (J_S^* + J_M^* + J_R^*) > 0$$

命题 7.3 说明，制造商在协同状态下会比非协同状态下在减排方面投入更多努力，并且在协同状态下能够实现供应链系统的帕累托最优，这就意味着供应链在协同状态下进行决策不仅能够提高供应链系统的利润，还能够降低产品的碳排放量，同时实现经济与环境的最佳状态。

需要特别关注的是，虽然在协同状态下供应链减排决策能够实现供应链系统总利润最大，但是要使供应链上供应商、制造商和零售商自愿参与协同，还必须符合一定条件，即在协同状态下供应商、制造商和零售商的利润要高于非协同状态下的利润，即必须满足以下约束条件：

$$J_S^* = J_S^{C*} - J_S^* > 0$$

$$J_M^* = J_M^{C*} - J_M^* > 0 \qquad(7-59)$$

$$J_R^* = J_R^{C*} - J_R^* > 0$$

另外，协同后供应商、制造商和零售商利润的增加量占系统总利润增加量的比重受其在供应链中的地位影响，在实践操作中还需逐步完善协同决策参与的约束性条款和奖励机制。

7.4 算 例 分 析

为了进一步分析相关参数对产品减排量变化曲线的影响，本节使用算例分析分方法来分析产品减排的变化情况。根据前文假设，以及对参数的要求，算例相关参数取值如下：$k_S = 22$、$k_M = 18$、$k_R = 12$、$\mu = 1000$、$\eta = 2$、$\delta = 3$、$\beta_S = 2$、$\beta_M = 3$、$\lambda = 1$、$\pi_S = 4$、$\pi_M = 6$、$\pi_R = 5$、$\rho = 0.8$、$x_0 = 0$。

首先，将参数代入相关命题，利用 Matlab 可以得出产品的减排量是如何随着时间的变化而变化的，如图 7-2 所示。

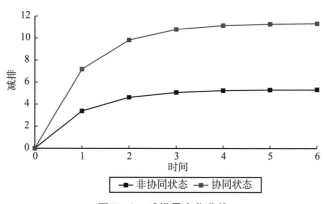

图 7-2   减排量变化曲线

分析图 7-2 可以发现，在协同状态下产品的减排量高于非协同状态，可见供应链协同决策更利于产品减排，同时还可以发现不论在协同状态还是非协同状态下，随着时间的变化，产品的减排量逐步上升，但是上升的速度越来越慢，并且逐步趋于稳定，这就说明了产品的减排量如果受到外部环境的影响会发生一定程度的变化，但是随着时间的推移，产品的减排量可以逐步返回均衡状态。

下面继续分析相关参数变化对减排量的影响，由于篇幅限制，本章仅分析供应商与制造商减排努力程度对减排量影响系数 β_S 和 β_M，碳排放量对市场需求的影响系数 η，供应链产品减排量的自然衰退率 λ 对减排量的影响，如图 7-3 至图 7-6 所示，其他参数类似，不再赘述。

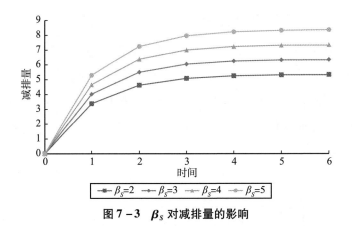

图 7-3 β_S 对减排量的影响

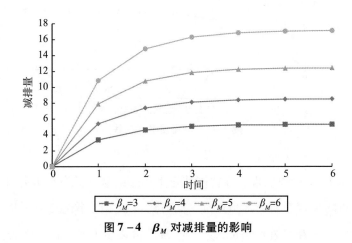

图 7-4 β_M 对减排量的影响

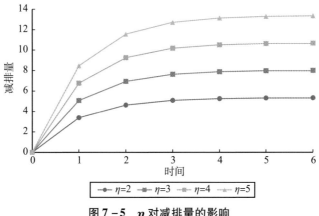

图 7 – 5 η 对减排量的影响

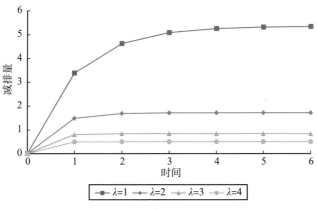

图 7 – 6 λ 对减排量的影响

从图 7 – 3、图 7 – 4 和图 7 – 5 可以看出，随着供应商与制造商减排努力程度对减排量影响系数 β_S 和 β_M 的不断增大，产品的减排量逐步增加，这主要是因为供应商与制造商减排努力程度对减排量影响系数 β_S 和 β_M 越大，供应商和制造商为减排而付出的努力越容易实现减排目标，因而长期减排效果越显著。随着碳排放量对市场需求的影响系数 η 的增大，产品减排量逐步增加，这表明碳排放量对市场需求的影响系数 η 越大，消费者越倾向购买低碳产品，此时长期减排效果越显著。

图 7 – 6 表示供应链产品减排量的自然衰退率 λ 对减排的影响，从图 7 – 6 可以看出，随着 λ 的增加，产品减排量不断下降。这表明当企业产品减排量的自然衰退率 λ 越大，企业减排成本越高，因此长期减排效果越差。

7.5 本章小结

本章考虑到碳减排的连续性，引入时间因素，从动态角度将微分博弈的方法应用可持续产品动态设计中，构建了由一个供应商、一个制造商和一个零售商组成三级供应链的动态减排模型，通过对比三级供应链在协同状态和非协同状态下的减排量及供应链系统利润，寻找实现供应链实现减排量最大时各企业的最优决策模式，通过求解所构建的模型，并进行分析，可以得到以下结论：

（1）协同状态下产品减排量及供应链系统利润均高于非协同状态，这就说明了供应链协同决策能够帮助供应链同时实现经济与环境最优，达到帕累托最优状态。

（2）随着时间的变化，产品的减排量逐步上升，但是上升的速度越来越慢，并且逐步趋于稳定，这就说明了产品的减排量如果受到外部环境的影响会发生一定程度的变化，但是随着时间的推移，产品的减排量可以逐步返回均衡状态。

（3）供应商与制造商减排努力程度对减排量影响系数 β_S 和 β_M，以及碳排放量对市场需求的影响系数 η 越大，长期减排效果越显著；企业产品减排量的自然衰退率 λ 越大，长期减排效果越差，本章所得结论可以为供应商、制造商和零售商的决策提供理论依据。

第 8 章

总结与研究展望

8.1 总　　结

生态环境恶化、资源危机等环境问题成为威胁人类生存和制约经济发展的重要障碍之一，受到国际社会的普遍关注。要从根本上解决资源、环境和经济发展之间的矛盾，必须从改变生产方式入手，对产品进行重新设计，降低其在生产和使用过程中对环境带来的损害。于是在传统产品设计的基础上，可持续产品设计和管理开始逐步兴起。同时由于全球气候变暖问题逐步受到国际社会越来越多的关注，全球气候变暖将给全球带来灾难性影响。诸多研究表明，全球气候变暖主要是由于空气中二氧化碳的浓度剧增引起的，而二氧化碳浓度的剧增和人类在生产生活过程中直接或间接地向大气中所排放二氧化碳的活动有关。因此，以减少二氧化碳等温室气体的减排活动在全世界范围内受到越来越多的关注，各国纷纷制定相关法律法规，如碳排放总量管制和碳税等，来限制碳排放量。为了降低碳排放，实现产品的可持续设计，本书主要研究了碳排放约束下的可持续产品设计。本书从供应商参与、零售商成本分担以及企业供应链网络对可持续产品设计的影响三个角度出发分别研究了企业的可持续产品设计策略，同时在此基础上引入了时间因素，研究可持续产品动态设计问题，为企业可持续产品设计提供了决策支持，同时也为政府制定合理的碳排放政策提供参考。

研究供应商参与对可持续产品设计的影响方面，主要分析了是由供应商和制造商组成的两级供应链，其中供应商向制造商提供半成品，制造商经过一定的加工制造过程生产出最后的产成品，然后把这些产成品销售给消费者。通过构建一个以供应商作为领导者、制造商作为跟随者的两阶段斯坦伯格博弈模型来研究在制造商减排的基础上两种情况下，即供应商参与减排和供应商不参与减排两种情况下的制造商与供应商的最优决策，例如，供应商所提供的半成品价格和减排量，制造商的减排量和半成品的采购量。并使用算例分析的方法分析了碳税与消费者对碳排放敏感度对制造商和供应商最优决策的影响。

零售商成分担下的可持续产品设计主要研究了制造商和零售商组成的两级供应链，制造商把产品批发给零售商，然后零售商再把这些产成品销售给消费者。通过构建一个以制造商作为领导者、零售商作为跟随者的两阶段斯坦伯格博弈模型来研究在制造商减排的基础上两种情况下，即无成本分担和实施成本分担契约下制造商与零售商的最优决策。并使用算例分析的方法分析了碳税与消费者对碳排放敏感度对制造商和零售商最优决策的影响，并且分析了制造商如何选择减排量才能使实施成本分担契约后制造商和零售商利润同时增加。

从供应链视角出发研究可持续产品设计，构建一个可持续产品设计的混合整数线性规划模型来分析企业应该如何进行可持续产品设计，最后用一个实际案例来验证我们所提出的混合整数线性规划模型。通过审查整个供应链，分析供应链采购、制造、分销和回收各环节的成本及碳排放来帮助企业选择最优的可持续产品设计，同时也可以帮助企业识别供应链中最大碳排放和成本来源，从而进行更有效的碳排放与成本管理。

可持续产品动态设计方面，使用微分博弈的方法，将时间因素引入可持续产品设计中，主要分析在成本分担契约下可持续产品动态设计问题，对比分析在协同状态和非协同状态下分析得出产品的减排量运动轨迹，同时还得到供应商、制造商和零售商的最优决策及利润。

8.2 研 究 展 望

可持续产品设计对于帮助企业降低碳排放，增强企业的竞争力方面具有重要作用，因此本书分别从供应商参与、零售商成本分担、供应链网络对可持续产品设计的影响三个角度出发，构建碳排放约束下可持续产品设计的理论模型，同时引入时间因素，分析可持续产品动态设计问题，并通过相关案例和算例实验对模型的有效性进行了研究，得到可供学术研究和企业实践者参考的结论，从而为解决相关的实际问题提供了理论和模型依据。

然而，碳排放约束下可持续产品设计是一个相对比较复杂的问题，它涉及企业在战略、运作以及外部环境政策等多个方面，因此本书在满足供应商参与减排、零售商成本分担以及供应链网络几个范围内对可持续产品设计进行研究，得到一些创新的研究成果。为了得到一般性的研究结论，本书对模型进行了适当的研究假设，因此研究还存在一定的局限性。进一步的研究可以从以下几个方向展开和改进：

（1）本书只考虑了市场上只有一个生产同类产品的企业的情况，即该企业在市场中是垄断的，然而在实际情况中，通常是市场上有多个生产同类产品的企业，也就是说存在竞争对手，那么企业在存在竞争对手时应如何调整其可持续产品设计策略是未来的一个重要的研究方向。

（2）为了研究的需要，本书假设的需求价格函数都是线性的，而在实际中的产品的需求价格函数受多方面因素的影响，同时可持续产品设计的不确定性也可能使消费者的购买行为发生变化，此时线性的需求价格函数也有可能随之发生变化，因此在其他需求价格函数形式下企业应如何调整自己的可持续产品设计相关问题是一个重要的未来研究方向。

（3）消费者愿意为产品支付的价格除了受产品的市场和碳排放量的影响以外，促销也是影响产品价格的重要因素，例如，增强关于低碳产品的宣传、选择带有明显低碳标识的包装等都可能在一定程度上影响产品价格，因此研究促销对企业可持续产品设计的影响就显得十分必要，同时还可以进一步分析不同促销策略对企业可持续产品设计的影响，帮助企业选择最佳的促销方案。

（4）本书在研究时没有考虑到数量折扣和规模收益问题，例如，制造商在向供应商采购原材料或半成品时，如果采购量达到一定程度就可以享受供应商给予的折扣价，制造商在生产产品时，当产量达到一定数量就可以获得规模效益，这两个方面都能够帮助制造商降低产品生产成本，因此考虑数量折扣和规模收益下，企业应如何选择可持续产品设计策略是值得进一步研究的问题。

附录 相关数据

表 A1   采购过程相关数据

项目	时期	江苏供应商	厦门供应商
各供应商新 PET 切片的 单位价格 （元/吨）	1	9460	11700
	2	8450	10700
	3	8400	10695
	4	8370	10688
	5	8300	10688
	6	8290	10680
各供应商新 PET 切片的 单位碳排放 （吨/吨）	1	0. 9478	0. 7782
	2	0. 9478	0. 7782
	3	0. 9478	0. 7782
	4	0. 9478	0. 7782
	5	0. 9478	0. 7782
	6	0. 9478	0. 7782
各供应商新 PET 切片的 最大供应能力 （吨）	1	6000	5000
	2	6000	5000
	3	9000	8000
	4	9000	8000
	5	9000	8000
	6	9000	8000
固定采购成本（元）		55000	75000

表 A2 分销过程相关数据

项目	时期	厦门分销中心	泉州分销中心
各分销中心的单位分销成本（元/个）	1	0.135	0.155
	2	0.145	0.165
	3	0.155	0.175
	4	0.165	0.185
	5	0.175	0.195
	6	0.185	0.205
各分销中心的最大分销处理能力（个）	1	250000000	300000000
	2	250000000	300000000
	3	250000000	300000000
	4	250000000	300000000
	5	250000000	300000000
	6	250000000	300000000
固定分销成本		1750000	2700000

表 A3 回收过程相关数据

项目	时期	厦门回收中心	福州回收中心
各回收中心无用回收切片的丢弃率	1	0.1	0.08
	2	0.1	0.08
	3	0.1	0.08
	4	0.1	0.08
	5	0.1	0.08
	6	0.1	0.08
各回收中心的处理返回 PET 瓶的最大回收处理能力（个）	1	50000000	60000000
	2	50000000	60000000
	3	50000000	60000000
	4	50000000	60000000
	5	50000000	60000000
	6	50000000	60000000

续表

项目	时期	厦门回收中心	福州回收中心
各回收中心丢弃无用回收切片的丢弃成本（元/个）	1	0.0145	0.0118
	2	0.0133	0.0103
	3	0.0132	0.0102
	4	0.0139	0.0102
	5	0.0137	0.01
	6	0.0135	0.0098
各回收中心回收切片的单位再生成本（元/吨）	1	2200	1700
	2	2150	1650
	3	2100	1620
	4	2000	1550
	5	1950	1500
	6	1900	1400
各回收中心回收切片的单位再生碳排放（吨/吨）	1	2	2.5
	2	2	2.5
	3	2	2.5
	4	2	2.5
	5	2	2.5
	6	2	2.5
各回收中心丢弃无用回收切片的单位丢弃碳排放（吨/个）	1	0.000565	0.000575
	2	0.000562	0.000572
	3	0.000561	0.000571
	4	0.000559	0.000569
	5	0.000558	0.000568
	6	0.000556	0.000566
回收中心的固定运营成本（元）		1200000	1000000

表 A4   **市场需求量**   单位：个

时期	厦门	泉州	福州	南平	龙岩	漳州	宁德
1	14000000	10500000	14000000	10500000	10500000	3500000	7000000
2	15000000	11000000	15000000	11000000	11500000	4000000	7500000
3	15500000	12000000	15500000	12000000	12000000	5000000	9000000
4	16000000	13000000	16000000	12000000	13000000	5500000	9000000
5	14000000	12000000	15000000	11000000	11000000	4500000	8500000
6	12000000	11000000	14000000	9000000	10000000	5000000	8000000

表 A5   **各市场返回品的购买价格**   单位：元/个

项目	时期	厦门	泉州	福州	南平	龙岩	漳州	宁德
厦门回收中心	1	0.061	0.058	0.058	0.055	0.056	0.054	0.051
	2	0.059	0.057	0.056	0.054	0.055	0.053	0.049
	3	0.058	0.055	0.054	0.053	0.054	0.052	0.048
	4	0.058	0.054	0.053	0.051	0.052	0.051	0.047
	5	0.057	0.053	0.051	0.049	0.051	0.049	0.046
	6	0.056	0.053	0.051	0.048	0.049	0.047	0.045
福州回收中心	1	0.051	0.049	0.051	0.047	0.046	0.045	0.041
	2	0.050	0.048	0.049	0.046	0.045	0.044	0.040
	3	0.049	0.047	0.048	0.045	0.043	0.043	0.039
	4	0.048	0.046	0.047	0.043	0.042	0.041	0.038
	5	0.046	0.044	0.046	0.042	0.041	0.039	0.037
	6	0.044	0.043	0.044	0.041	0.040	0.038	0.036

表 A6   **运输过程的相关数据**

项目	1	2	3	4	5	6
单位运输成本 [元/（吨·千米）]	0.098	0.098	0.098	0.098	0.098	0.098
单位运输碳排放 [元/（吨·千米）]	0.0008	0.0008	0.0008	0.0008	0.0008	0.0008

参 考 文 献

[1] Fiksel J, Graedel T, Hecht A D, et al. EPA at 40: bringing environmental protection into the 21st century [J]. Environmental science & technology, 2009, 43 (23): 8716 – 8720.

[2] Fiksel J. Design for Environment: A Guide to Sustainable Product Development: A Guide to Sustainable Product Development [M]. McGraw Hill Professional, 2009.

[3] Ljungberg L Y. Materials selection and design for development of sustainable products [J]. Materials & Design, 2007, 28 (2): 466 – 479.

[4] Chen C, Zhu J, Yu J Y, et al. A new methodology for evaluating sustainable product design performance with two-stage network data envelopment analysis [J]. European Journal of Operational Research, 2012, 221 (2): 348 – 359.

[5] 田民波, 马鹏飞. 欧盟 WEEE/RoHS 指令案介绍 [J]. 中国环保产业, 2003, (11): 34 – 37.

[6] 王海涛. WEEE 及 RoHS 指令在欧盟各国的实施 [J]. 电器, 2004, (11): 48 – 49.

[7] Lauridsen E H, Jørgensen U. Sustainable transition of electronic products through waste policy [J]. Research Policy, 2010, 39 (4): 486 – 494.

[8] Businessweek. Obama's proposed fuel-economy rules [R]. Business Week,

2009.

[9] CNTV. New car emission standard imposed [R]. CNTV, 2010.

[10] Eppinger S, Hopkins M S. How sustainability fuels design innovation [J]. MIT Sloan Management Review, 2011, 52 (1): 75 - 81, 013.

[11] Malloy R. Designing withrecyclate [J]. Plastics World (USA), 1996, 54 (5): 27 - 28.

[12] Verhoef E V, Dijkema G P J, Reuter M A. Process knowledge, system dynamics, and metal ecology [J]. Journal of Industrial Ecology, 2004, 8 (12): 23 - 43.

[13] 张佳昌, 张翠林. 浅谈城市低碳建筑性能设计评估与优化 [J]. 管理科学与工程, 2023, 12 (3): 416 - 421.

[14] 武丹, 杨玉香. 考虑消费者低碳偏好的供应链减排微分博弈模型研究 [J]. 中国管理科学, 2021 (4): 126 - 137.

[15] 陈静, 赵灿红, 高歌, 等. 碳限额及交易背景下双渠道供应链纵向合作动态减排研究 [J]. 中国管理科学, https://doi.org/10.16381/j.cnki.issn1003 - 207x. 2022. 0571.

[16] 洪大剑, 张德华. 二氧化碳减排途径 [J]. 电力环境保护, 2006, 22 (6): 5 - 9.

[17] 张令荣, 王健, 彭博. 内外部碳配额交易路径下供应链减排决策研究 [J]. 中国管理科学, 2020, 28 (11): 145 - 154.

[18] Wackernagel M, Rees W. Our ecological footprint: reducing human impact on the earth [M]. Gabriola Island, BC: New Society Publishers, 1998.

[19] BP. What is a Carbon Footprint? British Petroleum [EB/OL]. http://www.bp.com/liveassets/bp_internet/globalbp/, 2007.

[20] Energetics. The Reality of Carbon Neutrality [R]. 2007.

[21] ETAP. The carbon trust helps UK businesses reduce their environmental im-

pact［R］. 2007.

［22］Hammond G. Time to give due weight to the "carbon footprint" issue［J］. Nature, 2007, 445 (7125): 256.

［23］Wackernagel M, Rees W E. Our ecological footprint-reducing human impact on the earth［J］. Gabriola Island, B. C, Canada: New Society Publishers, 1996.

［24］Carbon Trust. Carbon Footprint Measurement Methodology［R］. version 1.1, 2007.

［25］POST. Carbon Footprint of Electricity Generation［R］. Parliamentary Office of Science and Technology, 2006: POSTnote268.

［26］Wiedmann T, Minx J. A definition of carbon footprint［J］. SA Research & Consulting, 2007: 9.

［27］Grubb E. Meeting the carbon challenge: the role of commercial real estate owners, users& managers［R］. Chicago, 2007.

［28］Hertwich E G, Peters G P. Carbon footprint of nations: a global, trade-linked analysis［J］. Environmental Science & Technology, 2009, 43 (6): 6414 – 6420.

［29］Wiedmann T, Minx J. A definition of "carbon footprint"［M］. New York: Nova Science Publishers, 2008.

［30］World Business Council for Sustainable Development (WBCSD), World Resources Institute (WRI). The Greenhouse Gas Protocol: A Corporate Accounting and Reporting Standard (revised version)［R］. Geneva: WBCSD and WRI, 2004.

［31］祁悦, 谢高地, 盖力强. 基于表现消费量法的中国碳足迹估算［J］. 资源科学, 2010, 32 (11): 2053 – 2058.

［32］耿涌, 董会娟, 郗凤明, 等. 应对气候变化的碳足迹研究综述［J］. 中

国人口·资源与环境，2010，20（10）：6-12.

[33] Trust T. Carbon footprint measurement methodology [R]. Carbon Footprint Methodology version 1.1，2007.

[34] Barthelmie R J, Morris S D, Schechter P. Carbon neutral Biggar：calculating the community carbon footprint and renewable energy options for footprint reduction [J]. Sustainability Science, 2008, 3 (2): 267-282.

[35] Strutt J, Wilson S, Shorney-Darby H, et al. Assessing the carbon footprint of water production [J]. Journal of the American Water Works Association, 2008, 100 (6): 80-89.

[36] Lenzen M. Errors in conventional and input-output-based life-cycle inventories [J]. Journal of Industrial Ecology, 2001, 4 (4): 127-148.

[37] Leontief W. The Structure of American Economy [M]. New York: IASP Publishing, 1941: 1919-1929.

[38] Leontief W. Studies in the Structure of the American Economy [M]. London: Oxford University Press, 1953.

[39] 宁淼. 投入产出模型在工业生态系统分析中的应用 [J]. 中国人口·资源与环境，2006，16 (4): 69-72.

[40] 孙建卫，陈志刚，赵荣钦，等. 基于投入产出分析的中国碳排放足迹研究 [J]. 中国人口·资源与环境，2010，20 (5): 28-34.

[41] Weber C L, Matthews H S. Quantifying the global and distributional aspects of american household carbon footprint [J]. Ecological Economics, 2008, 66 (2): 379-391.

[42] Druckman A, Jackson T. The carbon footprint of UK households 1990-2004: a socio-economically disaggregated, quasi-multi-regional input-output model [J]. Ecological Economics, 2009, 68 (7): 2066-2077.

[43] Wood R, Dey C J. Australia's carbon footprint [J]. Economic Systems Re-

search, 2009, 21 (3).

[44] Hertwich E G, Peters G P. Carbon footprint of nations: a global, trade-linked analysis [J]. Environmental Science & Technology, 2009, 43 (6): 6414 – 6420.

[45] Matthews H S, Hendrickson C, Weber C. The importance of carbon footprint estimation boundaries [J]. Environmental Science & Technology, 2008, 42 (16): 5839 – 5842.

[46] Larsen H N, Hertwich E G. The case for consumption-based accounting of greenhouse gas emissions to promote local climate action [J]. Environmental Science & Policy, 2009, 12 (7): 791 – 798.

[47] Kenny T, Gray N F. Comparative performance of six carbon footprint models for use in Ireland [J]. Environmental Impact Assessment Review, 2009, 29 (1): 1 – 6.

[48] 樊杰, 李平星, 梁育填. 个人终端消费导向的碳足迹研究框架——支撑我国环境外交的碳排放研究新思路 [J]. 地球科学进展, 2010, 25 (1): 61 – 68.

[49] 刘海英, 钟莹. 碳交易与"碳税"的减排效应及作用路径研究 [J]. 商业研究, 2023 (1): 98 – 107.

[50] 段显明, 应劼政, 程翠云, 等. 碳税政策动态影响的模拟与税率区间研究 [J]. 生态经济, 2023, 39 (5): 11.

[51] Pigou A C. Economic progress in a stable environment [J]. Economica, 1947: 180 – 188.

[52] Baumol W J, Oates W E. The theory of environmental policy: externalities [J]. Public Outlays, and the Quality of Life, 1975: 14 – 32.

[53] Burrows P. Pigovian taxes, polluter subsidies, regulation, and the size of a polluting industry [J]. Canadian Journal of Economics, 1979: 494 – 501.

[54] 刘光复, 刘志峰, 李钢. 绿色设计与绿色制造 [M]. 北京: 机械工业出版社, 1999.

[55] Rose C M, Stevels A. Metrics for end-of-life strategies (ELSEIM) [C]. Proceedings of the 2001 IEEE International Symposium on. IEEE, 2001: 100 – 105.

[56] Rose C M. Design for environment: a method for formulating product end-of-life strategies [D]. Stanford University, 2000.

[57] Navin Chandra D. Design for Environmental ability [C]. ASME, 1997, 31: 119 – 125.

[58] 刘志峰, 林巨广, 朱华炳, 等. 家电产品的回收设计 [J]. 机械设计与研究, 2002, 18 (4): 45 – 47.

[59] Sodhi M S, Reimer B. Models for recycling electronics end-of-life products [J]. OR-Spektrum, 2001, 23 (1): 97 – 115.

[60] Yu Y, Jin K, Zhang H C, et al. A decision-making model for materials management of end-of-life electronic products [J]. Journal of Manufacturing Systems, 2000, 19 (2): 94 – 107.

[61] 王淑旺, 刘志峰, 刘光复, 等. 基于回收元的回收设计方法 [J]. 机械工程学报, 2005, 41 (10): 102 – 106.

[62] Chen R W, et al. Product Design for Recyclability: A Cost Benefit Analysis Model and its Application [C]. IEEE, 1994 (8): 178 – 183.

[63] Johnson M, et al. Planing product disassembly for material recovery opportunities [J]. International Journal of Environmental Conscious Design and Manufacturing, 1995, 3 (11): 3119 – 3142.

[64] Srinivasan H, et al. A Frame work for virtual disassembly analysis [J]. Journal of Intelligent Manufacturing, 1997 (8): 277 – 295.

[65] Eisenreich N, Rohe T. Identifying plastics-analytical methods facilitate grad-

ing used plastics [J]. Kunststoffe-Plast Europe, 1996, 86 (2): 222 – 224.

[66] Knight W A, Sodhi M. Design for bulk recycling: analysis of materials separation [J]. CIRP Annals-Manufacturing Technology, 2000, 49 (1): 83 – 86.

[67] Sodhi M S, Reimer B. Models for recycling electronics end-of-life products [J]. OR-Spektrum, 2001, 23 (1): 97 – 115.

[68] Amezquita T, Hammond R, Salazar M, et al. Characterizing the remanufacturability of engineering systems [C] //Advances in Design Automation Conference, September 1995. Boston. Massachusetts, 1995: 271 – 278.

[69] Poon C S. Management of CRT glass from discarded computer monitors and TV sets [J]. Waste Management, 2008, 28 (9): 1499 – 1499.

[70] Song Q, Wang Z, Li J, et al. Sustainability evaluation of an e-waste treatment enterprise based on energy analysis in China [J]. Ecological Engineering, 2012, 42 (3): 223 – 231.

[71] Boks C, Stevels A. Essential perspectives for design for environment. Experiences from the electronics industry [J]. International Journal of Production Research, 2007, 45 (18 – 19): 4021 – 4039.

[72] Grote C A, Jones R M, Blount G N, et al. An approach to the EuP Directive and the application of the economic eco-design for complex products [J]. International Journal of Production Research, 2007, 45 (18 – 19): 4099 – 4117.

[73] Knight P, Jenkins J O. Adopting and applying eco-design techniques: a practitioners perspective [J]. Journal of cleaner production, 2009, 17 (5): 549 – 558.

[74] Choi J K, Nies L F, Ramani K. A framework for the integration of environ-

mental and business aspects toward sustainable product development [J].
Journal of Engineering Design, 2008, 19 (5): 431–446.

[75] Gremyr I, Siva V, Raharjo H, et al. Adapting the Robust Design Methodology to support sustainable product development [J]. Journal of Cleaner Production, 2014, 79: 231–238.

[76] Arena M, Azzone G, Conte A. A streamlined LCA framework to support early decision making in vehicle development [J]. Journal of Cleaner Production, 2013, 41: 105–113.

[77] Sharma M S, Manepatil S, Sharma S. Product development through quantitative evaluation of environmental aspects using LCA—a case study [J]. International Journal of Engineering Science and Technology, 2011, 1 (3): 2271–2279.

[78] Lu B, Zhang J, Xue D et al. Systematic lifecycle design for sustainable product development [J]. Concurrent Engineering, 2011, 19 (4): 307–323.

[79] Verghese K L, Horne R, Carre A. PIQET: the design and development of an online "streamlined" LCA tool for sustainable packaging design decision support [J]. The International Journal of Life Cycle Assessment, 2010, 15 (6): 608–620.

[80] Chiang T A, Hsu H, Hung C W. Using the web service technology and the eco-spold XML data exchange standard to develop a LCA service platform for supporting DfE in the Taiwan electronics industry [J]. International Journal of Electronic Business Management, 2012, 10 (1): 8.

[81] 王微, 林剑艺, 崔胜辉, 吝涛. 碳足迹分析方法研究综述 [J]. 环境科学与技术, 2010, 7 (33): 71–79.

[82] Weber C L, Matthews H S. Quantifiing the global and distributional aspects

of American household carbon footprint [J]. Ecological Economics, 2008, 66 (2-3): 379-391.

[83] Druckman A, Jackson T. The carbon footprint of UK householdsn 1990-2004: a socio-economically disaggregated, quasi-multi-regional input-output model [J]. Ecological Economics, 2009, 68 (7): 2066-2077.

[84] 陈佳瑛, 彭希哲, 朱勤. 家庭模式对碳排放影响的宏观实证分析 [J]. 中国人口科学, 2009 (5): 68-78.

[85] 庄幸, 姜克隽, 赵秀生. 石家庄市居民生活和出行的碳足迹及其环境影响因素分析 [J]. 气候变化研究进展, 2010, 6 (6): 443-448.

[86] Gamage G B, Boyle C, Mclaren S J, et al. Life cycle assessment of commercial furniture: a case study of form way Life chair [J]. Life Cycle Assess, 2008 (13): 401-411.

[87] Iribarren D, Hospido A, Moreira M T, et al. Carbon Footprint of Canned Mussels from a Business-to-Customer Approach: A Starting Point for Mussel Processors and Policy Makers [J]. Environmental Science & Policy, 2010 (6): 509-521.

[88] 丁利杰, 朱泳丽. 中国交通运输业碳排放区域差异及脱钩效应 [J]. 东南学术, 2023 (4): 162-174.

[89] Rodriguez M F, Nebra S A. Assessing GHG emissions, ecological footprint, and water linkage for different fuels [J]. Environmental Science & Technology, 2010, 20 (24): 9252-9257.

[90] 张佳昌, 张翠林. 浅谈城市低碳建筑性能设计评估与优化 [J]. 管理科学与工程, 2023, 12 (3): 416-421.

[91] 刘玮, 申黎明. 基于产品碳足迹的秸秆家具绿色评价方法研究 [J]. 制造业自动化, 2012 (5): 80-83.

[92] Lundie S, Schulz M, Peters Q, et al. Carbon footprint measurement: meth-

odology report ［J］. Centre for Water and Waste Technology University of NSW in co-operation with Scion and A Research for Fonterra Co-Operative Group Limited，2009.

［93］ 张婷，张霞，等. 校园碳足迹计算——以三峡大学为例 ［J］. 大众科技，2012 （14）：102 – 104.

［94］ 刘韵，师华定. 基于全生命周期评价的电力企业碳足迹评估 ［J］. 资源科学，2011，33 （4）：653 – 658.

［95］ Hertwich E G, Peters G P. Carbon footprint of nations：a global trade-linked analysis ［J］. Environmental Science & Technology，2009，43 （6）：6414 – 6420.

［96］ Schulz N B. Delving into the carbon footprints of Singapore-comparing direct and indirect greenhouse gas emissions of a small and open economic system ［J］. Energy Policy，2010，38 （9）：4848 – 4855.

［97］ Herrmann I T, Hauschild M Z. Effects of globalisation on carbon footprints of products ［J］. CIRP Annals-Manufacturing Technology，2009，58 （1）：13 – 16.

［98］ 刘强，庄幸，姜克隽，等. 中国出口贸易中的载能量及碳排放量分析 ［J］. 中国工业经济，2008，245 （8）：46 – 55.

［99］ 朱江玲，岳超，王少鹏，等. 1850—2008 年中国及世界主要国家的碳排放——碳排放与社会发展 ［J］. 北京大学学报：自然科学版，2010 （4）：497 – 504.

［100］ 孙建卫，陈志刚. 基于投入产出分析的中国碳排放足迹研究 ［J］. 中国人口·资源与环境，2010 （5）：28 – 34.

［101］ Larsen H N, Hertwich E G. Identifying important characteristics of municipal carbon footprints ［J］. Ecological Economics，2010，70 （1）：60 – 66.

[102] Shammin M R, Bullard C W. Impact of cap-and-trade policies for reducing greenhouse gas emissions on U. S. households [J]. Ecological Economics, 2009, 68 (8－9): 432－438.

[103] Sovacool B K, et al. Twelve metropolitan carbon footprints: a preliminary comparative global assessment [J]. Energy Policy, 2010, 38 (9): 4856－4869.

[104] Saunders C, Barber A. Comparative energy and greenhouse gas emissions of New Zealand's and the United Kingdom's dairy industry [M]. Christchurch, New Zealand: Lincoln University, 2007.

[105] Piecyk M L, Mckinnon A C. Forecasting the carbon footprint of road freight transport in 2020 [J]. International Journal of Production Economics, 2010, 128: 31－42.

[106] Harris I, Nairn M, Mumford C. A Review of infrastructure modeling for Green Logistics [J]. Annals of Operations Research, 2008, 2: 1－6.

[107] Hauser W, Lund R T. The remanufacturing industry: anatomy of a giant, a view of remanufacturing in America based on a comprehensive survey across the industry [R]. Technical Paper, 2003.

[108] Krikke H. Impact of closed-loop network configurations on carbon footprints: A case study in copiers [J]. Resources, Conservation and Recycling, 2011, 55: 1196－1205.

[109] 陈晓红, 曾祥宇, 王傅强. 碳限额交易机制下碳交易价格对供应链碳排放的影响 [J]. 系统工程理论与实践, 2016, 36 (10): 2562－2571.

[110] Qi Q, Wang J, Bai Q. Pricing decision of a two-echelon supply chain with one supplier and two retailers under a carbon cap regulation [J]. Journal of Cleaner Production, 2017, 151: 286－302.

[111] 张令荣, 王健, 彭博. 内外部碳配额交易路径下供应链减排决策研究 [J]. 中国管理科学, 2020, 28 (11): 145-154.

[112] 胡培, 代雨宏. 基于消费者行为的低碳供应链定价策略研究 [J]. 软科学, 2018, 32 (8): 73-77, 90.

[113] Chaabane A, Ramudhin A, Paquet M. Design of sustainable supply chains under the emission trading scheme [J]. International Journal of Production Economics, 2012, 135 (1): 37-49.

[114] 赵玉民, 朱方明, 贺立龙. 环境规制的界定、分类与演进研究 [J]. 中国人口·资源与环境, 2009, 19 (6): 85-91.

[115] 黄志成, 赵林度, 王敏, 等. 碳排放交易制度差异下的国际供应链生产计划问题 [J]. 中国管理科学, 2017, 25 (11): 58-65.

[116] 魏庆坡, 安岗, 涂永前. 碳交易市场与绿色电力政策的互动机理与实证研究 [J]. 中国软科学, 2023 (5): 198-206.

[117] 杨建华, 解雯倩. 碳限额交易下考虑平台推广服务的竞争制造商减排决策研究 [J]. 系统工程理论与实践, 2022, 42 (12): 3305-3318.

[118] Rosen, Harvey S, Gayer T. Public Finance [M]. McGraw-Hill, 2009.

[119] Lu Y J, Zhu X Y, Cui Q B. Effectiveness and equity implications of carbon policies in the United States construction industry [J]. Building and Environment, 2012, 49: 259-269.

[120] Bryner G C. Blue Skies, Green Politics: The Clean Air Act of 1990 [M]. Congressional Quarterly Press, Washington, DC, 1995.

[121] 杨玉香, 管倩, 张宝友, 等. 碳税政策下闭环供应链网络均衡分析 [J]. 中国管理科学, 2022, 30 (1): 11-19.

[122] 国务院发展研究中心课题组. 国内温室气体减排: 基本框架设计 [J]. 管理世界, 2011 (10): 1-9.

[123] 郑清, 阿布都热合曼·卡的尔. 碳税机制下考虑不同低碳策略的动态

博弈模型及复杂性研究［J］. 运筹与管理，2022，31（4）：55 – 60.

［124］刘海英，钟莹. 碳交易与"碳税"的减排效应及作用路径研究［J］. 商业研究，2023（1）：98 – 107.

［125］Bettina B F. Wittneben. Exxon is right：Let us re-examine our choice for a cap-and-trade system over a carbon tax［J］. Energy Policy，2009，37（6）：2462 – 2464.

［126］David D，Paul R，Luk N. Technology Choice and Capacity Portfolios Under Emissions Regulation［R］. Working Paper，Harvard Business School，2012.

［127］Janet P，Timothy J. The coming carbon market and its impact on the American economy［J］. Policy and Society，2009，27（4）：305 – 316.

［128］Baranzini A，Goldemberg J，Speck S. A future for carbon taxes［J］. Ecological economics，2000，32（3）：395 – 412.

［129］刘娜，何继新，周俊，等. 碳排放权交易的双向拍卖博弈研究［J］. 安徽农业科学，2010，38（6）3201 – 3204.

［130］计国君，张庭溢. 碳排放交易规制对易腐品采购决策影响研究［J］. 统计与决策，2013（5）：52 – 55.

［131］Pearce D W，Cline W R，Achanta A N，et al. The social costs of climate change：greenhouse damage and the benefits of control［J］. Climate Change 1995：Economic and Social Dimensions of Climate Change，1996：179 – 224.

［132］DeMooij R A，van den Bergh J. The double dividend of an environmental tax reform［J］. Handbook of environmental and resource economics，2002：293 – 306.

［133］Nordhaus W D. Greenhouse economics：count before you leap［J］. The Economist，1990：31.

[134] Manne A S, Richels R G. CO$_2$ emission limits: an economic cost analysis for the USA [J]. The Energy Journal, 1990: 51 – 74.

[135] Whalley J, Wigle R. Cutting CO$_2$ emissions: The effects of alternative policy approaches [J]. The Energy Journal, 1991: 109 – 124.

[136] Nakata T, Lamont A. Analysis of the impacts of carbon taxes on energy systems in Japan [J]. Energy Policy, 2001, 29 (2): 159 – 166.

[137] Wissema W, Dellink R. AGE analysis of the impact of a carbon energy tax on the Irish economy [J]. Ecological Economics, 2007, 61 (4): 671 – 683.

[138] Grafström J. The effect of the Swedish carbon dioxide tax: an econometric analysis [D]. Lulea University of Technology, 2009.

[139] Bjørner T B, Jensen H H. Energy taxes, voluntary agreements and investment subsidies—a micro-panel analysis of the effect on Danish industrial companies' energy demand [J]. Resource and Energy Economics, 2002, 24 (3): 229 – 249.

[140] Bohlin F. The Swedish carbon dioxide tax: effects on biofuel use and carbon dioxide emissions [J]. Biomass and Bioenergy, 1998, 15 (4): 283 – 291.

[141] Bruvoll A, Larsen B M. Greenhouse gas emissions in Norway: do carbon taxes work? [J]. Energy Policy, 2004, 32 (4): 493 – 505.

[142] Gerlagh R, Lise W. Carbon taxes: A drop in the ocean, or a drop that erodes the stone? The effect of carbon taxes on technological change [J]. Ecological Economics, 2005, 54 (2): 241 – 260.

[143] O'Ryan R, Miller S, de Miguel C J. A CGE framework to evaluate policy options for reducing air pollution emissions in Chile [J]. Environment and Development Economics, 2003, 8 (2): 285 – 309.

［144］ Tiezzi S. The welfare effects and the distributive impact of carbon taxation on Italian households ［J］. Energy Policy, 2005, 33 (12): 1597 – 1612.

［145］ Liang Q M, Fan Y, Wei Y M. Carbon taxation policy in China: how to protect energy-and trade-intensive sectors? ［J］. Journal of Policy Modeling, 2007, 29 (2): 311 – 333.

［146］ Eto R, Uchiyama Y, Okajima K. Double-dividend effect from prefectural carbon tax based on two responsibility for CO_2 emissions ［C］//Energy Conference and Exhibition (EnergyCon), 2010 IEEE International. IEEE, 2010: 155 – 160.

［147］ 王金南, 曹东. 减排温室气体的经济手段: 许可证交易和税收政策 ［J］. 中国环境科学, 1998, 18 (1): 16 – 20.

［148］ 周剑, 何建坤. 北欧国家碳税政策的研究及启示 ［J］. 环境保护, 2008 (22): 70 – 73.

［149］ 姜克隽, 胡秀莲, 邓义祥, 等. 实施碳税效果和相关因素分析 ［C］. 2050 中国能源和碳排放研究课题组. 2050 中国能源和碳排放报告. 北京: 科学出版社: 413 – 448.

［150］ 苏明, 傅志华, 许文, 等. 聚焦碳税——碳税的中国路径 ［J］. 环境经济, 2009 (9): 10 – 22.

［151］ 曹静. 走低碳发展之路: 中国碳税政策的设计及 CGE 模型分析 ［J］. 金融研究, 2009, 12 (354): 19 – 29.

［152］ 魏涛远. 征收碳税对中国经济与温室气体排放的影响 ［J］. 世界经济与政治, 2002 (8): 47 – 49.

［153］ 陈文颖, 高鹏飞, 何建坤. 用 MARKAL-MACRO 模型研究碳减排对中国能源系统的影响 ［J］. 清华大学学报: 自然科学版, 2004, 44 (3): 342 – 346.

［154］ 周晟吕, 石敏俊, 李娜, 等. 碳税政策的减排效果与经济影响 ［J］.

气候变化研究进展，2011（3）：210 – 216.

[155] 李娜，石敏俊，袁永娜. 低碳经济政策对区域发展格局演进的影响——基于动态多区域 CGE 模型的模拟分析 [J]. 地理学报，2010，65（12）：1569 – 1580.

[156] 刘洁，李文. 征收碳税对中国经济影响的实证 [J]. 中国人口·资源与环境，2011（9）：99 – 104.

[157] 徐逢桂. 碳税财政支付移转政策对台湾宏观经济影响的模拟研究 [D]. 南京：南京农业大学，2012.

[158] 朱永彬，刘晓，王铮. 碳税政策的减排效果及其对我国经济的影响分析 [J]. 中国软科学，2010（4）：1 – 9.

[159] 曾诗鸿，姜祖岩. 碳税政策对中国经济影响的实证分析 [J]. 城市问题，2013（8）：52 – 57.

[160] 张健，廖胡，梁钦锋，等. 碳税与碳排放权交易对中国各行业的影响 [J]. 现代化工，2009（6）：77 – 82.

[161] 杨超，王锋，门明. 征收碳税对二氧化碳减排及宏观经济的影响分析 [J]. 统计研究，2011，28（7）：45 – 54.

[162] 陈斌. 碳税对中国区域经济协调发展的影响与效应 [J]. 税务研究，2010（7）：45 – 47.

[163] 刘传哲，夏雨霏. 国内外碳税政策设计研究评述 [J]. 财会月刊，2017（11）.

[164] 程发新，袁猛，徐静. 碳限额约束下考虑碳税的随机需求型闭环供应链网络均衡决策 [J]. 科技管理研究，2017，37（1）：233 – 237.

[165] Baranzini A, Goldemberg J, Speck S. A future for carbon taxes [J]. Ecological economics, 2000, 32（3）：395 – 412.

[166] Lee C F, Lin S J, Lewis C, et al. Effects of carbon taxes on different industries by fuzzy goal programming: a case study of the petrochemical-related in-

dustries, Taiwan [J]. Energy Policy, 2007, 35 (8): 4051 – 4058.

[167] Johansson B. The carbon tax in Sweden [C]. Innovation and the environment: OECD proceedings, 2000, Chapter 5.

[168] Krause F, Stephen J D, Andrew J H, Paul B. Cutting carbon emissions at a profit (part 1): opportunities for the united states [J]. Contemporary Economic Policy, 2002, 20, No 4 (10): 339 – 365.

[169] Krause F, Stephen J D, Andrew J H, Paul B. Cutting carbon emissions at a profit (part 2): impacts on US. competitiveness and jobs [J]. Contemporary Economic Policy, 2003, 21 (1): 90 – 105.

[170] Nakata T, Lamont A. Analysis of the impacts of carbon taxes on energy systems in Japan [J]. Energy Policy, 2001, 29 (2): 159 – 166.

[171] Chiang T A, Che Z H. A decision-making methodology for low-carbon electronic product design [J]. Decision Support Systems, 2015, 71: 1 – 13.

[172] Song J S, Lee K M. Development of a low-carbon product design system based on embedded GHG emissions [J]. Resources Conservation & Recycling, 2010, 54 (9): 547 – 556.

[173] Devanathan S, Ramanujan D, Bernstein W Z, et al. Integration of sustainability into early design through the function impact matrix [J]. Journal of the Mechanical Design, 2010, 132 (8): 081004.

[174] Qi Y, Wu X B. Low-carbon Technologies Integrated Innovation Strategy Based on Modular Design [J]. Energy Procedia, 2011, 5: 2509 – 2515.

[175] Xu Z Z, Wang Y S, Teng Z R, et al. Low-carbon product multi-objective optimization design for meeting requirements of enterprise, user and government [J]. Journal of Cleaner Production, 2015, 103: 747 – 758.

[176] Chu C H, Luh Y P, Li T C, et al. Economical green product design based on simplified computer-aided product structure variation [J]. Computers in

Industry, 2009, 60 (7): 485 – 500.

[177] Su J C P, Chu C H, Wang Y T. A decision support system to estimate the carbon emission and cost of product designs [J]. International Journal of Precision Engineering & Manufacturing, 2012, 13 (7): 1037 – 1045.

[178] Kuo T C. The construction of a collaborative framework in support of low carbon product design [J]. Robotics and Computer-Integrated Manufacturing, 2013, 29 (4): 174 – 183.

[179] Yan J, Li L. Multi-objective optimization of milling parameters—the trade-offs between energy, production rate and cutting quality [J]. Journal of Cleaner Production, 2013, 52 (4): 462 – 471.

[180] Fahimnia B, Sarkis J, Dehghanian F, et al. The impact of carbon pricing on a closed-loop supply chain: an Australian case study [J]. Journal of Cleaner Production, 2013, 59 (18): 210 – 225.

[181] Kuo T C, Chen H M, Liu C Y, et al. Applying multi-objective planning in low-carbon product design [J]. International Journal of Precision Engineering & Manufacturing, 2014, 15 (2): 241 – 249.

[182] Calcott P, Walls M. Can downstream waste disposal policies encourage upstream "design for environment"? [J]. American Economic Review, 2000: 233 – 237.

[183] Chen C. Design for the environment: a quality-based model for green product development [J]. Management Science, 2001, 47 (2): 250 – 263.

[184] Fullerton D, Wu W. Policies for green design [J]. Journal of Environmental Economics and Management, 1998, 36 (2): 131 – 148.

[185] Atasu A, Sarvary M, Van Wassenhove L N. Remanufacturing as a marketing strategy [J]. Management Science, 2008, 54 (10): 1731 – 1746.

[186] Atasu A, Souza G C. How Does Product Recovery Affect Quality Choice?

[R]. Working Paper, George Institute of Technology, Atlanta, 2010.

[187] Handfield R B, Melnyk S A, Calantone R J, et al. Integrating environmental concerns into the design process: the gap between theory and practice [J]. IEEE Transactions on Engineering Management, 2001, 48 (2): 189 – 208.

[188] Noori H, Chen C. Applying scenario-driven strategy to integrate environmental management and product design [J]. Production and Operations Management, 2003, 12 (3): 353 – 368.

[189] Pujari D, Peattie K, Wright G. Organizational antecedents of environmental responsiveness in industrial new product development [J]. Industrial Marketing Management, 2004, 33 (5): 381 – 391.

[190] Rehfeld K M, Rennings K, Ziegler A. Integrated product policy and environmental product innovations: an empirical analysis [J]. Ecological Economics, 2007, 61 (1): 91 – 100.

[191] Dangelico R M, Pujari D. Mainstreaming green product innovation: why and how companies integrate environmental sustainability [J]. Journal of Business Ethics, 2010, 95 (3): 471 – 486.

[192] Fiksel J. Design for environment: a guide to sustainable product development [R]. Eco-efficient Product Development, 2009.

[193] Graedel T E, Allenby B R. Industrial Ecology and Sustainable Engineering [M]. Prentice Hall, 2009.

[194] Chen C, Zhu J, Yu J Y, et al. A new methodology for evaluating sustainable product design performance with two-stage network data envelopment analysis [J]. European Journal of Operational Research, 2012, 221 (2): 348 – 359.

[195] Li S, Ragu-Nathan B, Ragu-Nathan T S, et al. The impact of supply

chain management practices on competitive advantage and organizational performance [J]. Omega, 2006, 34 (2): 107 – 124.

[196] Mishra A A, Shah R. In union lies strength: collaborative competence in new product development and its performance effects [J]. Journal of Operations Management, 2009, 27 (4): 324 – 338.

[197] Tavani S N, Sharifi H, Ismail H S. A study of contingency relationships between supplier involvement, absorptive capacity and agile product innovation [J]. International Journal of Operations & Production Management, 2013, 34 (1): 65 – 92.

[198] Primo M A M, Amundson S D. An exploratory study of the effects of supplier relationships on new product development out comes [J]. Journal of Operations management, 2002, 20 (1): 33 – 52.

[199] Littler D, Leverick F, Bruce M. Factors affecting the process of collaborative product development: a study of UK manufacturers of information and communications technology products [J]. Journal of Product Innovation Management, 1995, 12 (1): 16 – 32.

[200] Danese P. Supplier integration and company performance: a configurational view [J]. Omega, 2013, 41 (6): 1029 – 1041.

[201] Eisenhardt K M, Tabrizi B N. Accelerating adaptive processes: product innovation in the global computer industry [J]. Administrative science quarterly, 1995: 84 – 110.

[202] Hartley J L, Zirger B J, Kamath R R. Managing the buyer-supplier interface for on-time performance in product development [J]. Journal of operations management, 1997, 15 (1): 57 – 70.

[203] Wasti S N, Liker J K. Collaborating with suppliers in product development: a US and Japan comparative study [J]. Engineering Management, IEEE

Transactions on, 1999, 46 (4): 444 –460.

[204] 程永宏, 熊中楷. 碳税政策下基于供应链视角的最优减排与定价策略及协调 [J]. 科研管理, 2015, 36 (6): 81 –91.

[205] 夏良杰, 赵道致, 何龙飞, 等. 基于自执行旁支付契约的供应商与制造商减排博弈与协调 [J]. 管理学报, 2014, 11 (5): 750 –757.

[206] Kroes J, Subramanian R, Subramanyam R. Operational compliance levers, environmental performance, and firm performance under cap and trade regulation [J]. Manufacturing & Service Operations Management, 2012, 14 (2): 186 –201.

[207] 庞晶, 李文东. 低碳消费偏好与低碳产品需求分析 [J]. 中国人口·资源与环境, 2011, 21 (9): 76 –80.

[208] Banerjee S, Lin P. Vertical research joint ventures [J]. International Journal of Industrial Organization, 2001, 19 (1 –2): 285 –302.

[209] Bhaskaran S R, Krishnan V. Effort, revenue, and costs haringmechanisms for collaborative new product development [J]. Management Science, 2009, 55 (7): 1152 –1169.

[210] 艾凤义, 侯光明. 研究了供应链纵向研发合作中的收益分配和成本分担机制 [J]. 中国管理科学, 2004, 12 (12): 86 –90.

[211] 刘伟, 张子健, 张婉君. 纵向合作中的共同 R&D 投入机制研究 [J]. 管理工程学报, 2009, 23 (1): 19 –22.

[212] 周宇, 熊中楷, 陈树桢. 装配供应链上合作新产品开发管理研究 [J]. 工业工程与管理, 2010, 15 (4): 5 –9.

[213] 李勇, 张异, 杨秀苔, 等. 供应链中制造商 –供应商合作研发博弈模型 [J]. 系统工程学报, 2005, 20 (1): 12 –18.

[214] 盛昭瀚, 李煜, 陈国华, 等. 企业 RD 投入动态竞争系统的全局复杂性分析 [J]. 管理科学学报, 2006, 9 (3): 1 –10.

[215] 胡荣, 陈圻, 王强. 双寡头动态 R&D 竞争的复杂性研究 [J]. 管理工程学报, 2011, 25 (2): 118 - 123.

[216] 骆瑞玲, 范体军, 夏海洋. 碳排放交易政策下供应链碳减排技术投资的博弈分析 [J]. 中国管理科学, 2014, 22 (11): 44 - 53.

[217] LiuZ, Anderson T D, Cruz J M. Consumer environmental awareness and competition in two-stage supply chains [J]. European Journal of Operational Research, 2012, 218 (3): 602 - 613.

[218] Cox P M, Betts R A, Jones C D, et al. Acceleration of global warming due to carbon-cycle feedbacks in a coupled climate model [J]. Nature, 2000, 408 (6809): 184 - 187.

[219] Chiang T A, Che Z H. A decision-making methodology for low-carbon electronic product design [J]. Decision Support Systems, 2015, 71: 1 - 13.

[220] Kuo T C. The construction of a collaborative framework in support of low carbon product design [J]. Robotics and Computer-Integrated Manufacturing, 2013, 29 (4): 174 - 183.

[221] B. Kuschnik. The European Union's Energy using Products-EuP-Directive 2005/32 EC [J]. The Temple Journal of Science, Technology & Environmental Law, 2008, 27 (1): 1 - 31.

[222] Xu ZZ, Wang Y S, Teng Z R, et al. Low-carbon product multi-objective optimization design for meeting requirements of enterprise, user and government [J]. Journal of Cleaner Production, 2014.

[223] Neto J Q F, Bloemhof-Ruwaard J M, Van Nunen J et al. Designing and evaluating sustainable logistics networks [J]. International Journal of Production Economics, 2008, 111 (2): 195 - 208.

[224] Pistikopoulos E N, Hugo A. Environmentally conscious long-range planning and design of supply chain networks [J]. Journal of Cleaner Production,

2005, 13 (15): 1428 – 1448.

[225] Chaabane A, Ramudhin A, Paquet M. Design of sustainable supply chain under the emission trading scheme [J]. International Journal of Production Economics, 2012, 135 (1): 37 – 49.

[226] John K. Stranlund. The regulatory choice of noncompliance in emissions trading programs [J]. Environmental and Resource Economics, 2007, 38 (1): 99 – 117.

[227] Peace J, Juliani T. The coming carbon market and its impact on the American economy [J]. Policy and Society, 2009, 27 (4): 305 – 316.

[228] Subramanian R, Talbot B, Gupta S. An approach to integrating environmental considerations within managerial decision making [J]. Journal of Industrial Ecology, 2010, 14 (3): 378 – 398.

[229] Subramanian R, Talbot F B, et al. An approach to integrating environmental considerations within managerial decision-making [J/OL]. http: //ssrn. com /paper = 1004339, 2008.

[230] Ramudhin A, Chaabane A, et al. Carbon market sensitive sustainable supply chain network design [J]. International Journal of Management Science and Engineering Management, 2010, 5 (1): 30 – 38.

[231] Heyman D P. Optimal disposal policies for a single-item inventory system with returns [J]. Naval Research Logistics Quarterly, 1977, 24 (3): 385 – 405.

[232] Simpson V P. Optimum solution structure for a repairable inventory problem [J]. Operations Research, 1978, 26 (2): 270 – 281.

[233] Listeş O, Dekker R. A stochastic approach to a case study for product recovery network design [J]. European Journal of Operational Research, 2005, 160 (1): 268 – 287.

[234] Salema M I G, Barbosa-Povoa A P, Novais A Q. An optimization model for the design of a capacitated multi-product reverse logistics network with uncertainty [J]. European Journal of Operational Research, 2007, 179 (3): 1063 – 1077.

[235] Pishvaee M S, Rabbani M, Torabi S A. A robust optimization approach to closed-loop supply chain network design under uncertainty [J]. Applied Mathematical Modelling, 2011, 35 (2): 637 – 649.

[236] Soyster A. Convex programming with set-inclusive constraints and applications to inexact linear programming [J]. Operations Research, 1973, 21 (5): 1154 – 1157.

[237] Mulvey J M, Vanderbei R, Zenios S. Robust optimization of large-scale systems [J]. Operations Research, 1995, 43 (2): 264 – 280.

[238] Bertsimas D, Sim M. The price of robustness [J]. Operations Research, 2004, 52 (1): 35 – 53.

[239] Iyengar G N. Robust dynamic programming [J]. Mathematics of Operations Research, 2005, 30 (2): 257 – 280.

[240] Yu C S, Li H L. A robust optimization model for stochastic logistics problems [J]. International Journal of Production Economics, 2000, 64 (1 – 3): 385 – 397.

[241] Leung S C H, Tsang S O S, Ng W L, Wu Y. A robust optimization model for multi-site production planning problem in an uncertain environment [J]. European Journal of Operational Research, 2007, 181 (1): 224 – 238.

[242] Ben-Tal A, Golany B, Nemirovski A, Vial J P. Retailer-Supplier flexible commitments contracts: a robust optimization approach [J]. Manufacturing and Service Operations Management, 2005, 7 (3): 248 – 271.

[243] Pishvaee M S, Rabbani M, Torabi S A. A robust optimization approach to

closed-loop supply chain network design under uncertainty ［J］. Applied Mathematical Modelling, 2011, 35 (2): 637 – 649.

［244］ Ben-Tal A, El Ghaoui L, Nemirovski A. Robust optimization ［M］. Princeton University Press, 2009.

［245］ Haddad-Sisakht A, Ryan S M. Closed-loop supply chain network design with multiple transportation modes under stochastic demand and uncertain carbon tax ［J］. International Journal of Production Economics, 2018, 195.

［246］ 徐春秋, 赵道致, 原白云, 等. 上下游联合减排与低碳宣传的微分博弈模型 ［J］. 管理科学学报, 2016, 19 (2): 53 – 65.

［247］ 李辉, 汪传旭, 欧卫. 闭环供应链企业合作减排与定价策略 ［J］. 商业研究, 2017, 59 (5): 149 – 158.

［248］ 赵道致, 原白云, 徐春明. 低碳供应链纵向合作减排的动态优化 ［J］. 控制与决策, 2014 (7): 1340 – 1344.

［249］ 赵道致, 徐春秋, 王芹鹏. 考虑零售商竞争的联合减排与低碳宣传微分对策 ［J］. 控制与决策, 2014 (10): 1809 – 1815.

［250］ 魏守道. 碳交易政策下供应链减排研发的微分博弈研究 ［J］. 管理学报, 2018, 15 (5): 782 – 790.

［251］ 曹二保, 胡畔. 基于时间偏好不一致的供应链碳减排动态投资决策研究 ［J］. 软科学, 2018 (3): 77 – 83.